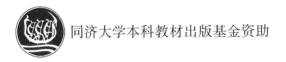同济大学本科教材出版基金资助

土体工程勘探与原位测试实践

徐超　张振　陈偲　韩杰　编著

U0337544

同济大学 出版社
TONGJI UNIVERSITY PRESS

内 容 提 要

勘探与原位测试作为岩土工程勘察的重要环节和必要手段,需要一定的设备条件、严格的操作流程和合理的分析方法,才能达到预期的目的。本书以现行国家标准和当前设备条件为基准,系统阐述了土体工程钻探、取样和各种原位测试的设备构成与性能、技术要点与操作步骤、资料整理与分析方法,并介绍了工程地质勘察报告的内容和编制方法。

本书力求贴近实际,图文并茂。不仅可以作为"土体工程""岩土工程勘察"课程的实训教程,而且可供岩土工程勘察一线岩土工程师参考使用。

图书在版编目(CIP)数据

土体工程勘探与原位测试实践/徐超等编著. --上海:同济大学出版社,2018.8
ISBN 978-7-5608-7977-2

Ⅰ.①土… Ⅱ.①徐…Ⅲ.①土体-地质勘探②土体—原位试验 Ⅳ.①TU43

中国版本图书馆 CIP 数据核字(2018)第 149974 号

土体工程勘探与原位测试实践

徐超 张振 陈偲 韩杰 **编著**

| **责任编辑** 高晓辉 | **助理编辑** 宋 立 | **责任校对** 徐春莲 | **封面设计** 陈益平 |

出版发行 同济大学出版社 www.tongjipress.com.cn
(地址:上海市四平路 1239 号 邮编:200092 电话:021-65985622)

经 销	全国各地新华书店
排 版	南京月叶图文制作有限公司
印 刷	上海安兴汇东纸业有限公司
开 本	787 mm×1092 mm 1/16
印 张	9
字 数	225 000
版 次	2018 年 8 月第 1 版 2018 年 8 月第 1 次印刷
书 号	ISBN 978-7-5608-7977-2

定 价 48.00 元

本书若有印装质量问题,请向本社发行部调换 版权所有 侵权必究

前言
prepface

　　土体是指工程建设影响范围内的土层,可以由一层土或多个土层构成。土层在形成的历史过程中,受到了内在地质作用和外在地质营力的影响,不仅具备独特的埋藏条件、分布规律和工程性能,而且在工程建设中,土体的性质又会发生有利或不利的变化。在工程建设前,人们有必要认识土体的空间分布特征和工程性质,预测土体性质的变化规律和对工程的影响,以确保工程的安全运行。

　　岩土工程勘察作为工程建设的基本环节,主要通过勘探、取样、现场测试和室内实验手段,建立工程建设场地的地质模型,获得土体的物理力学等性能参数。本书在此基础上,采用土力学和土体工程的基本原理和方法,分析工程建设中面临的各种问题及工程措施的有效性和合理性,据此提出了工程措施的合理化建议,为工程建设保驾护航。

　　勘探与原位测试是岩土工程勘察的重要组成部分,是认识土体分布特征和工程性能的主要手段。通过勘探,特别是钻探,我们可以直观地认识地层的埋藏条件和分布特征,而且为土(水)样的采取,标准贯入试验、预钻式旁压试验等原位测试创造条件;各种原位测试技术可用于获得感知土层状态和反映土层性能的测试数据,直接或间接地获取土层的物理力学性能参数,进而利用工程经验(经验公式或表格)进行岩土工程设计。在工程建设成熟地区,原位测试更成为有经验的工程师直观感知土体工程性质、进行工程判断的重要依据,具有其他方法不可替代的地位。因此,采用先进的设备和仪器,严格按照技术操作流程进行勘探和原位测试,科学获得岩土工程设计参数,对工程建设至关重要!

　　目前,关于勘探和原位测试的标准和规程,大多只是罗列技术要点,而具体操作及对设备的要求都比较简略,这不利于工程技术人员参考使用;而高等学校使用的教科书,包括作者自己刚出版的《土体工程(第二版)》,主要从一般意义上论述岩土工程勘察的基本知识和地基评价的原则与方法,也无法满足培养大学生动手能力的需求。为了弥补这两方面的不足,为工程技术人员和大学生提供一本土体工程勘探与原位测试的参考书,本书将重点放在设备及其工作原理、仪器标定、测试操作步骤、测试结

1

果整理分析和工程应用几个方面。

本书共 11 章,根据目前常用的设备和仪器,基于现行国家和行业技术标准编写。第 1 章绪论,主要论述土体的特点、勘探的基本功能以及各种原位测试的功能和作用,并给出了使用本书的建议;第 2 章勘探与取样,简介各种勘探方法,重点论述土体工程钻探的钻机设备、操作程序和钻孔编录要点,并概况论述钻探过程中采取土样和水样的取样设备、技术要求;第 3 章至第 10 章分别论述标准贯入试验、平板载荷试验、静力触探试验、十字板剪切试验、动力触探试验、扁铲侧胀试验、旁压试验、现场直接剪切试验的设备、技术要点和操作方法,并通过例题阐明试验资料的整理方法;第 11 章为工程地质勘察报告编写,论述根据工程项目特点和勘察阶段编写勘察报告的体例、内容和方法,图表编制的要求,以及针对性的计算分析和岩土工程评价的注意事项。本书附有对应各种原位测试的试验资料,以便进行资料整理的训练。

本书包括土体工程勘探和常用原位测试方法,可以作为大学生土体工程地质的实训教程,学习各种测试技术的操作方法,使用附录中提供的试验资料进行资料整理和工程设计训练。对于岩土工程勘察的工程技术人员,完全可以按需选用,既可以全面了解全书或某一章,以求总体上把握土体工程勘探与测试技术全貌或某一项测试技术的来龙去脉;也可以根据实际工程需求,查阅参考某一测试技术的具体要求和操作方法。

希望读者能够从实际工作中不断总结经验,并与现行国家和行业标准的要求相对照,不断完善勘探与原位测试技术,为本书的再版提供借鉴。

限于编者水平有限,书中不当之处在所难免,恳请读者批评指正。

徐 超

2018 年 6 月于同济园

目 录
content

第 1 章

绪 论

1.1 概 述

人类从穴居到城市化的历史进程中,所进行的工程建设实践都是在地球表面或地壳浅部一定的地质环境中进行,受到地质环境的约束;在不远的将来,人类还要进行深空和深地开发,将会在其他星球(如月球)上和地壳深部进行工程探索,所面临的地质环境将更加复杂,受到更严峻的挑战。但是,无论是在我们的家园——地球,还是其他星球,根据人类已有的对自然界的认知,地质环境都会是建(构)筑物设计、施工和运营的约束条件和主要影响因素。反过来,人类的工程建设也会对地质环境造成一定的冲击和影响。为了人类与自然界的和谐共处——使修建的建(构)筑物安全可靠,并避免对周围环境造成不良影响,就必须在工程建设之前,深入研究相关联的地质环境,评价和预测可能产生的与工程建设或周围环境有关的地质问题,并为工程项目的设计和施工提供必要且充分的地质依据。

在人类进行的各种工程建设活动中,如修建房屋,完善公路、铁路、机场、水利、通信等基础设施建设,开挖隧道和开发地下空间等,岩土或作为地基、建筑材料,或视为与工程结构相互作用的地质环境介质。在建筑工程领域,岩土体作为建筑物的地基,承受上部结构经基础传递下来的附加荷载;在路基工程中,土既可以作为道路路基的填筑材料,又是支撑路基的地基;在隧道和地下工程中,岩土体构成了地下结构的环境介质。因此,为了保证工程的可靠性、耐久性和合理性,人们需要认识岩土的工程性质,掌握岩土体自身及在工程影响下的变化规律。

工程地质条件是指工程建设所处的地质环境的总称,包括地形地貌、地质构造、岩土特性、水文地质和岩土中地应力等多方面的约束条件和影响因素。不同的建(构)筑物面临的工程地质条件会很不相同,有的简单,有的则十分复杂。为了使工程建设顺利进行,建(构)筑物按人们的预期正常运营,且不对周围环境造成不良影响,在工程项目规划阶段,就需要通过一系列的地质环境调查研究,查明、分析、评价工程建设所涉及范围内的工程地质条件,这便是岩土工程勘察的主要任务。

1.2 岩土工程勘察的基本程序和主要内容

岩土工程勘察是根据工程建设项目的特点和要求,通过调查和勘探,查明拟建场地的工程地质条件来建构场地的地质模型;分析工程建设面临的课题和存在的问题,提出工程措施建议;最后,编制勘察文件的活动与工作的总称。其目的和任务是按照不同勘察阶段的要求,正确反映场地的工程地质条件,分析岩土工程发展趋势及对建设项目的影响;结合工程设计、施工条件等具体要求,进行技术论证和评价,提交解决工程地质问题的具体建议,服务于工程建设的全过程。为了实现岩土工程勘察的功能和目的,勘察活动需要以国家和行业现行工程建设标准为依据,遵循合理的作业程序。这些程序涵盖了岩土工程勘察的基本要素,如图 1-1 所示,主要工作内容按顺序分为四大部分。

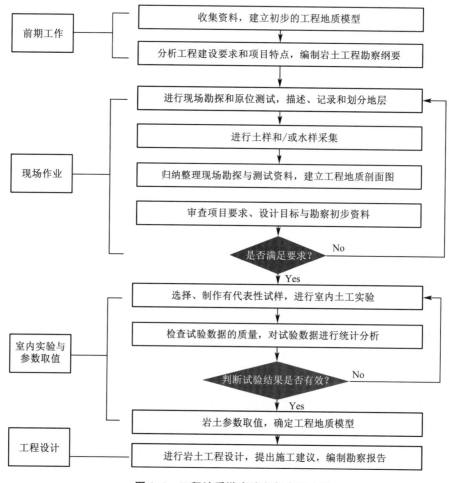

图 1-1　工程地质勘察流程与主要内容

（1）前期工作，包括资料收集整理和勘察纲要编制。根据项目规模和特点，针对性地收集相关的区域地质资料、岩土地层资料，必要时进行现场调查；在已有资料和现场调查基础上，以满足工程设计为目标编制岩土工程勘察纲要。

（2）现场作业，主要包括勘探、取样和原位测试，以及根据项目需要进行工程地质测绘。这是工程勘察的重要组成部分，是进行场地岩土分层、建立场地的工程地质剖面、获取地层的原位性能参数的必要环节和手段，同时为土（水）的室内实验准备试样。

（3）室内实验和岩土参数取值。室内土工实验与原位测试相辅相成，与测试结果的统计分析一起构成比较完备的获得岩土工程性能参数的体系。只有获得有效的、能够比较真实反映岩土工程性能的参数，才能做出科学合理的设计方案。

（4）工程设计，包括岩土工程计算分析，项目所涉及工程问题的评价和工程措施的建议等，最后是勘察报告编写。

从逻辑上，上述（2）、（3）项属于工程勘察的实物工作，从不同的侧面获得建设项目的工程地质条件的第一手资料，为第（4）部分的岩土工程设计与评价提供地质模型和岩土参数。

本书将重点围绕勘探、土（水）取样和现场测试进行论述。工程勘探是用于查明地表以下岩土层、地下水及不良地质作用的空间分布和基本特性的技术手段。取样是指利用一定的技术手段，采取能满足各种特定质量要求的土样和地下水试样，为岩、土和地下水的室内实验提供试件。取样是在现场勘探过程中实现的。原位测试是在岩土体所处的原来位置，基本保持岩土原来的结构、湿度和应力状态的情况下，对其进行的现场测试。

由于岩土体的工程性能差异巨大，勘探、取样和原位测试技术的原理和适用范围也有较大区别，在工程实践中，应根据岩土力学的基本原理和地区经验，有针对性地选择勘探、测试手段，科学合理地获取工程建设所涉及的岩土体的工程性能参数。

1.3 土的工程性质

在自然界中，土一般是固、液、气三相共存的特殊物质，呈现出复杂的三相体系。固相为矿物颗粒，简称土粒，是构成土骨架的基本物质。矿物颗粒之间存在孔隙，孔隙由液体和气体充填。土中的液体（液相）一般为水，但土中的水并非纯净的水，实际上往往表现为成分复杂的电解质水溶液。土中气体（气相）主要是空气和水蒸气。在土的三相体系中，各组成部分并不是固定、一成不变的，而是在外界因素的影响下，随着时间不断地调整和变化。土由岩石风化而来，或经过搬运沉积，或就地成土，具有不同的矿物成分和颗粒级配，然而，这些组成成分并不是简单地聚在一起，而是通过某种形式联系在一起，具有一定的结构特征——表现为组成土的固体颗粒的大小、形状和表面特征，颗粒的排列组合和数量关系,以及颗粒间的联结形式和孔隙特征。这些成分与结构,以及特有的三相体系构成了土的工程性质的物质基础。

土的工程性质大致可分为土的变形特性、透水性、强度特性及应力-应变关系。

1）土的变形特性

土的变形特性表现为体积的压缩和膨胀。土的压缩是指土在压力作用下体积缩小的现象。在一般工程应力范围内,土粒和土中水的压缩量可以忽略不计,因此,土的压缩主要是土中孔隙体积的缩小。对于非饱和土,孔隙体积的缩小主要由孔隙中气体体积的压缩造成;对于饱和土,孔隙体积的缩小主要由于孔隙中的水被排出。由于土不是弹性体,在压力作用下其压缩变形大部分是不可恢复的塑性变形,而卸载后可恢复的弹性变形占比很小。通过室内高压固结实验,可以绘制土的压缩-回弹-再压缩曲线,从中计算获得土的先期固结压力、压缩指数、回弹指数等压缩性指标。此外,还可以获得超固结比,以判断土的固结状态。

饱和土在压力作用下,在孔隙体积逐渐缩小的同时,伴随着孔隙中的水被逐渐排出、超孔隙水压力逐渐消散和有效应力逐渐增长的现象,这一过程称为土的固结。这一过程的持续时间取决于土的透水性,砂土透水性好,这一过程很快就会完成;黏性土透水性差,土体的固结往往需要数年甚至更长的时间。可以用土的固结系数来反映土固结快慢,该指标可以通过室内固结实验或现场测试的消散试验获得。

土的变形还可能来自土体的湿胀和干缩,以及密实土体的剪胀等。描述这些变形特性的指标一般通过室内实验确定,这里不再赘述。

2）土的透水性

土的透水性表现为液体(主要指水)在土中渗透的难易程度,可以采用土的渗透系数来定量表述。本质上,渗透系数不仅与土介质有关,还与渗透液体的特性有关。由于地下水的性质(黏滞系数)变化不大,一般把渗透系数看作土的性能参数。由于土的沉积特征,往往水平渗透系数与垂直渗透系数存在差异,在工程实践中应注意这一特点。

在岩土工程实践中,地下水往往是引起灾变或工程事故的活跃因素,因此,在岩土工程勘察中应给以地下水足够的关注。通过现场调查和勘探测量,查明场地内地下水的埋藏条件,补给、径流、排泄条件和水头的变化规律。

3）土的强度特性及应力-应变关系

这一工程特性是指土抵抗外部荷载的能力大小及在抵抗外力时的变形规律。在工程实践中,土体主要承受的是压力和剪力,在压力作用下导致的土体破坏也是由于土体内剪应力的发展超过了其抗剪强度所致。因此,土体的抗剪性能是决定土体稳定的重要工程性质。

根据库伦强度理论,土的抗剪强度由两部分组成:土粒间的结构黏结力和摩擦阻力,前者称为黏聚力,后者以内摩擦角表征。对于不同的土,这两种力的本质和对抗剪强度的贡献存在很大的差别。就粗粒土而言,可忽略其黏聚力,其抗剪强度主要由粒间摩擦力组成,并随法向压力的增大而增强;黏性土则不同,黏聚力是抗剪强度的重要组成部分,而颗粒间摩擦力的实质是结合水的黏滞阻力,会随着含水量的增加而降低。

土的抗剪强度或强度指标受一系列因素的影响而变化。在一般情况下,超固结黏性土比正常固结的黏性土具有更高的强度,另外,还与土的结构性、受剪切时的排水条件、剪应变大小等有关。

作为自然界的产物,土的成因、成分、结构差异很大,其应力-应变关系十分复杂,除了时间因素外,还会受到温度、湿度等的影响。土的应力-应变关系特征主要表现在非线性、弹塑性、剪胀(缩)性和流变性,主要影响因素包括应力水平、应力路径和应力历史。

可见,土的工程性质不是一成不变的,而是随着环境条件的改变、人为的扰动而变化。这给岩土工程勘察中评价土的工程性质带来了挑战,我们需要在勘探、取样和测试过程中,减少对土的扰动,无论是室内实验还是原位测试,应针对性地做出选择,以求获得的土的性能参数接近其"真实"值。

1.4 原位测试的优势和局限性

原位测试是指在被测试对象的原始位置,在基本不破坏、不扰动或少扰动被测试对象的天然状态下,通过试验手段测定特定的物理量,进而评价被测试对象的状态和性能的现场试验方法。原位测试技术是岩土工程的一个重要分支,它不仅是岩土工程勘察的重要组成部分和获得岩土体设计参数的重要手段,而且是岩土工程施工质量检验的有效手段,并可用于施工过程中岩土体物理力学性质及状态变化的监测。

在岩土工程勘察与地基评价中,常用的原位测试技术方法包括载荷试验、静力触探、圆锥动力触探试验、十字板剪切试验、现场直接剪切试验、旁压试验和扁铲侧胀试验等。原位测试的目的在于获得有代表性的、能够反映岩土体现场实际状态下的土性参数,认识岩土体的空间分布特征和物理力学特性,为岩土工程设计提供设计参数。这些参数包括以下6种。

(1) 岩土体的空间分布几何参数(如土层厚度);

(2) 岩土体的物理参数和状态参数(如土的容重和粗颗粒土的密实度);

(3) 岩土体原位初始应力状态和应力历史参数(如超固结比);

(4) 岩土体的强度参数;

(5) 岩土体的变形性质参数;

(6) 岩土体的渗透性质参数(如固结参数和渗透参数)。

在岩土工程勘察中,原位测试在获得土性参数方面具有不可比拟的优势,特别是对于难以获得土样,或难以获得高质量土样的土层。相对于通过取样、室内实验获得土性参数,原位测试在总体上的优势体现在以下几个方面:

(1)在原位应力、结构、天然湿度下,在基本不扰动或轻微扰动条件下,直接对土体进行测试,获得反映实际状态下的土性参数,如采用十字板剪切试验直接测定饱和软土的不排水抗剪强度;

(2)测定土体范围大,能反映微观、宏观结构对土性的影响,代表性好,如载荷试验和现场直接剪切试验等;

(3)对于难以获得土样的土层,如粉土、砂土、碎石土层,仍能够进行测试,评价土的工程性能,如动力触探试验和标准贯入试验等;

(4)能够给出土性变化的近于连续曲线,识别土层中的夹层或软弱面,与勘探相结合确定土层分层界线,如静力触探试验和扁铲侧胀试验;

(5)通过建立地区经验,可以直接利用原位测试成果进行岩土工程设计,如依据静力触探结果进行桩基承载力设计计算,依据标准贯入试验结果评价地基承载力等;

(6)原位测试的功效高,测试周期短。

与任何一项技术一样,原位测试,特别是针对某一项具体测试技术,都有难以克服的局限性,主要表现在如下几个方面:

(1)在测定土性参数时,试验的边界条件不明确;

(2)测试时,排水条件无法严格控制;

(3)测试时,试验影响范围内土体中的应变不均匀;

(4)测试时,无法设定应力路径和应力条件,有些试验中土体破坏机理不明确,而且影响因素复杂;

(5)测试结果的应用价值依赖于地区经验和工程经验。

各种原位测试方法都有其自身的适用性,在进行原位测试以及依据原位测试结果进行岩土工程评价时,应注意测试手段和经验公式对地基条件的适用性。一种原位测试技术都有其自身的使用条件和应用范围,依据测试结果获取土性参数的经验公式,一般都建立在一定的地区经验之上,不能照搬硬套。

第2章

勘探与取样

从工程勘察的流程和内容(图1-1)可知,勘探与取样是岩土工程勘察的核心环节。工程地质勘探是为查明拟建项目的工程地质条件而进行的钻探、井探、槽探、洞探、触探等工作的总称,用于查明地表下岩土体、地下水、不良地质作用的基本特性和空间分布;取样是在现场勘探过程中,利用一定的技术手段,采取能满足各种特定质量要求的岩、土及地下水试样,为后续室内实验测定岩、土和地下水性质指标提供样品。

勘探方法应具备查明地表下岩土体的空间分布的基本功能:① 能够按照工程要求的岩土分类方法鉴定、区分岩土类别;② 能够按照工程要求的精度确定岩土类别发生变化的空间位置。另外,由于室内实验的要求,在勘探过程中,需为采取岩、土及地下水试样提供条件以及满足开展某种原位测试的要求。勘探的方法很多,但在一项工程勘察中,一般不会采用所有的勘探方法,而是根据工程项目的特点和要求、勘察阶段和目的,特别是地层特性,有针对性地选择勘探方法。例如,要查明深部土层空间分布,钻探是最合适的方法;如果要探明浅埋地质现象和障碍物,探坑或探槽往往是首选的勘探方法。

现场勘探作业应以勘察纲要为指导,以事先在勘探点平面布置图上确定的勘探点位为依据,并通过场地附近的坐标和高程控制点现场测放定位勘探点。如果受现场地形地物影响需要调整勘探点位,应将实际勘探点位标注在平面图上,并注明与原来点位的偏差距离、方位和高程信息。

在进行勘探时,应考虑对工程自然环境的影响,特别是在城区开展勘探时,地表下的情况一般比较复杂,应防止对地下管线、地下工程的破坏。另外,在完成钻孔、探井或探坑后,应妥善回填,以避免破坏周围环境和安全隐患。

2.1 钻 探

钻探是利用钻机或专用工具,以机械或人力为动力,在地表以下形成钻孔,以获取工程地质资料的勘探方法。在工程地质勘探中,钻探的优势非常明显:① 钻探可适用于各种岩土类型;② 钻探深度可满足各类工程的需要,且不受地下水位的影响;③ 除了用于查明地下岩土体的基本特性和空间分布外,还可查明多层地下水的分布情况;④ 钻孔可为多种原位测试提供条件;⑤ 可在钻孔中采取岩、土及地下水试样,满足室内实验要求。因此,钻探是工程地质勘察中应用最广泛,也是最有效的一种勘探方法。

钻探的具体方式是采用专用机械,通过向地下钻进,形成一个圆柱形钻孔。在钻进过程中鉴别岩土试样,进行描述和记录,确定地层分界线。钻孔的结构可用 5 个要素来说明(图 2-1):钻孔的顶面称为孔口,底面称为孔底,侧表面称为孔壁,圆柱体的高度称为孔深,直径称为孔径。采用变径钻探时,靠近孔口的最大直径称为开孔口径,靠近孔底的最小直径称为终孔口径。

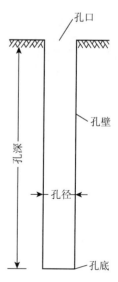

图 2-1 钻孔及其要素

2.1.1 钻孔规格与钻进方式

1. 钻孔规格

为了达到钻探的目的,钻孔规格必须满足一定的技术要求。就钻孔口径而言,应满足钻孔取样和进行测试的要求,并根据地层条件和钻进工艺等确定。根据《建筑工程地质勘探与取样技术规程》(JGJ/T 87—2012)的要求,钻孔成孔口径应满足表 2-1 的规格要求。

表 2-1 钻孔成孔口径　　　　　　　　　　　　　单位:mm

钻孔性质		第四纪土层	基 岩
鉴别与划分地层/岩芯钻孔		≥36	≥59
取Ⅰ、Ⅱ级土试样钻孔	一般黏性土、粉土、残积土、全风化岩层	≥91	≥75
	湿陷性黄土	≥150	
	冻土	≥130	
原位测试钻孔		大于测试探头直径	
压水、抽水试验钻孔		≥110	软质岩石 / 硬质岩石
			≥75 / ≥59

注:取土试样的钻孔口径应比所用的取土器外径大一个径级。

钻孔深度在进场钻探作业前,根据工程特点、设计要求和地层条件事先确定,在勘察纲要中应有明确要求,并可根据现场钻探实际情况做出适当调整。在进行钻孔作业时,钻进深度和地层分层界限的量测精度应不低于±50 mm。因此,要求每钻进 25 m 和终孔后,应校正钻孔深度;在地层分层处,也宜校核孔深。当孔深误差超过上述要求时,应查找原因,并对记录进行更正。钻孔钻进时应尽量保持垂直,每 50 m 应测量一次垂直度,每

100 m的垂直度偏差不应超过±2°。

2. 钻进方式

钻探的钻进方式主要取决于岩土层性质和条件。钻进工艺包括破碎孔底岩土、提取孔内岩土和保护孔壁三个方面。

（1）破碎孔底岩土，钻探首先要利用钻头破碎岩土，才能向下钻进一定深度。对于土层主要有螺旋钻进、冲击钻进和振动钻进等，应基于地层条件选择钻进方式。钻进效率的高低取决于岩土的性质、钻头的类型和材料以及操作方法。

（2）提取孔内岩土，为了鉴定岩土和继续加深钻孔，需及时提取、清除孔底被破碎的土和岩芯、岩粉等。提取孔内岩土的方法有多种：利用提土器，即螺纹钻头，将附在钻头及其上部的土与钻头一同提出孔外；利用循环液输出岩粉；利用抽筒（捞砂筒）将岩粉、岩屑或砂提取出钻孔；取样时，利用岩芯管取芯器或取土器将岩芯或土样取出。

（3）保护孔壁，在松散的砂层或不稳固的地层中，易发生孔壁坍塌；而在高灵敏性的饱和软弱黏土中又易发生缩孔。这些都会严重影响钻探作业。因此，需要采取措施防止孔壁坍塌或发生缩孔，以保持孔壁稳定。常用的护壁方法有泥浆护壁和套管护壁。

根据破碎孔底岩土的方式不同，钻进方法可分为回转类钻进、冲击钻进、锤击钻进、振动钻进和冲洗钻进。

1）回转类钻进

回转钻进是利用回转器通过钻杆将旋转力矩传递至孔底钻头，切削或破碎孔底岩土的钻进方法。在钻进时，利用钻具自重或采取一些辅助措施对钻头施加一定的轴向压力。根据钻头的类型和功能，回转类钻进可进一步细分为螺旋钻进、无岩芯钻进和岩芯钻进。

（1）螺旋钻进是利用螺旋钻具的转动将钻头旋入土层之中的钻进方法，提钻时由螺纹段把扰动土样带出地表，供肉眼鉴别及分类检验。钻杆和钻头为空心杆，在钻头上设置底活塞，可通水通气，防止提钻时孔底产生负压，造成缩孔等孔底扰动破坏。该方法主要适用于黏性土地层。

（2）无岩芯钻进是在钻进时对整个孔底切削研磨，使孔底岩土全部被破碎的钻进方法。可不提钻连续钻进，采用循环液携带输出岩粉，只能根据岩粉及钻进难易程度的感觉来判断地层变化。该方法适用于多种土类和岩石地层。

（3）岩芯钻进采用在钻头的刃口底部镶嵌或烧焊硬质合金或金刚石的圆环形钻头，钻进时对孔底作环形研磨切削，破碎孔底环状部分岩土，并用循环液清除输出岩粉，环形中心保留圆柱形岩芯，提取后可供鉴别和试验。该方法适用于多种土类和岩石地层。

2）冲击钻进

冲击钻进是利用钻具自重在一定冲程高度内周期性地冲击破碎孔底岩土的钻进方法。被冲击破碎的岩粉、岩屑由循环液带出地面，也可采用带活门的抽筒提出地面。该方法适用于密实的土类，主要针对卵石、碎石、漂石、块石地层。冲击钻进只能根据岩粉、岩屑和钻进难易感觉判断地层变化,对孔壁、孔底扰动都比较大,故一般是配合回转类钻探,当遇到回转类钻探难以奏效的粗颗粒土时使用。

3) 锤击钻进

锤击钻进是利用筒式钻具(砸石器)在一定冲程高度内周期性地锤击钻具,切削砂、土的钻进方法。提钻后掏出土样可供鉴别。一般情况下,这种钻探方法效率较低,也是配合回转类钻探,遇到特殊土层时使用。

4) 振动钻进

振动钻进是通过钻杆将振动器激发的高频振动传递至孔底管状钻头周围的土层中,使土的抗剪强度急剧降低,同时在一定轴向压力下使钻头贯入土中的钻进方法。该方法能取得较有代表性的鉴别土样,且钻进效率高,适用于黏性土、粉土、砂土及粒径较小的碎石土。但振动钻探对孔底扰动较大,无法采取高质量的土样。

5) 冲洗钻进

冲洗钻进是通过高压射水破坏孔底土层实现成孔的钻进方法。土层被破碎后由水流冲出地面。这种钻进方法简单快速、成本低廉,主要用于砂土、粉土和不太坚硬的黏性土。但冲出地面的粉屑往往是各土层物质的混合物,代表性较差,给土层的判断划分带来一定的困难。

由于工程勘察要求不同,地层条件也可能差别巨大,因此,应根据场地条件、勘察要求和地层类别与特性等,选择合适的钻机、钻具以及钻进方式(表 2-2)。

表 2-2　各钻进方法的适用条件

钻进方法		钻进地层					勘察要求	
		黏性土	粉土	砂土	碎石土	岩石	直观鉴别、采取不扰动试样	直观鉴别、采取扰动试样
回转	螺旋钻进	++	+	+	—	—	++	++
	无岩芯钻进	++	++	++	+	++	—	—
	岩芯钻进	++	++	++	+	++	++	++
冲击钻进		—	+	++	++		—	—
锤击钻进		++	++	++	+		++	++
振动钻进		++	++	++	+		+	++
冲洗钻进		+	++	++	—		—	—

注:1. ++为适用;+为部分适用;—为不适用;
　　2. 螺旋钻进不适合于地下水位以下的松散粉土和饱和砂土。

除表 2-2 所列钻进工艺外,对于工程需要进行的浅部土层勘探,如排查暗浜、新近填土厚度等,可采用小口径的麻花钻(俗称小螺钻)、小孔径勺钻或洛阳铲钻进,取出土样进行鉴别。

在实际工程中,钻探的一个重要功能是为采取满足质量要求的试样提供条件。对于要求采取岩土试样的钻孔,应采用扰动小的回转钻进方法。如在黏性土层钻进,根据经验一般可采用螺旋钻进;对于碎石土,可采用植物胶浆液护臂金刚石单动双管钻具钻进。

对于需要鉴别土层天然湿度和划分土层的钻孔,在地下水位以上,应采用干钻。如果需要加水或使用循环液时,应采用内管超前的双层岩芯管钻进或三重管取土器钻进。

总之,在选择钻探方法时,首先应考虑所选择的钻探方法是否能够有效地钻至所需深度,并能以一定的精度鉴定穿过地层的岩土类别和特性,确定其埋藏深度、分层界线和厚度,查明钻进深度范围内地下水的赋存情况;其次要考虑能够满足取样要求,或进行原位测试,避免或减轻对取样段的扰动。

2.1.2　钻孔护壁与提取芯样

1. 钻孔护壁

孔壁保护是保证钻孔钻进的先决条件,在易于塌孔、缩孔的松散或软弱土层中钻进时,应根据地层特性、勘察要求、钻进方法、设备条件和环境保护的要求,针对性地选择钻孔护壁、堵漏材料。根据工程经验,护壁材料可按表2-3选择。

表 2-3　常用护壁堵漏材料

护壁堵漏材料	使用范围和对象
清水	致密、稳定地层
泥浆	松散破碎地层,吸水膨胀性地层,节理发育的漏失性地层
黏土	局部孔段的坍塌漏失性地层;钻孔浅部或覆盖层有裂隙,产生漏、涌水等情况的地层
植物胶	松散、掉块、裂隙地层;胶结较差的地层,如卵石地层或砂层
套管	严重坍塌、缩孔、漏失、涌水性地层,较大的溶洞,松散土层,砂层;当其他护壁措施无效时以及水文地质试验需要封闭的孔段

护壁是为了顺利地钻进,在选择护壁堵漏材料时,可根据孔壁稳定程度,选择清水、泥浆或套管护壁,应避免与钻进土层发生化学反应,改变土层的物理化学性质。在地下水位以上的松散填土或其他易于坍塌土层钻进时,可采用套管护壁;在地下水位以下的饱和软黏性土层、粉土层、砂土层钻进时,宜采用泥浆护壁;在碎石土钻进取芯困难时,可采用植物胶浆液护壁;采用冲击钻进时,宜采用套管护壁。

采用套管护壁时,应先钻进后跟进套管;不要还没有钻进,强行在未钻土层中打入套管。在钻进过程中,应保持孔内水位高度,使孔内水压大于或等于孔外地下水压,提钻时应能通过钻具向孔底通气通水。

2. 提取土样

在钻探过程中,岩(土)芯采取率应按回次进行计算,采取率应根据勘察纲要和勘探任务书的要求确定,并应符合表 2-4 的规定。

表 2-4 岩(土)芯采取率

岩土层		岩芯采取率/%
黏土层		≥90
粉土、砂土层	地下水位以上	≥80
	地下水位以下	≥70
碎石土层		≥50
完整岩层		≥80
破碎岩层		≥65

在进行工程钻探时,应严格控制非连续取芯钻进的回次进尺,每回次进尺多少应根据岩土层情况、钻探工艺、工程特点和研究对象确定,并应满足鉴别厚度小至 20 mm 薄土层的要求。在黏性土层中,回次进尺不宜超过 2.0 m;在粉土、饱和砂土层中,回次进尺不宜超过 1.0 m,且不应超过螺旋钻进的螺纹杆长度或取土筒长度;在预计的地层分界线附近或者在主要持力层中或重点探查部位,回次进尺不宜超过 0.5 m;在取原状土样前,采用螺旋钻头清孔时,回次进尺不宜超过 0.3 m。

在地下水位以下的粉土、砂土层中钻进,当土样不易带上地面时,可用对分式取样器或标准贯入器间断取样,其间距不得大于 1.0 m。取样段之间可用无岩芯钻进方式通过,亦可采用无泵反循环方式用单层岩芯管回转钻进并连续取芯。

从钻孔中取得的岩(土)芯样,除用作室内实验的岩土样外,其余的应存放在岩(土)芯盒内,按钻进回次的先后顺序摆放,并注明深度及岩土名称。当一个钻孔完成后,应拍照留存。

对于易冲蚀、风化等的岩(土)芯样,应密封保存;存放岩(土)芯样的岩(土)芯盒应平稳安放,不要被日晒、雨淋和冻融;搬运岩芯盒时应盖上上盖,小心轻放,运输时应采取防振动措施。岩(土)芯样的存放时间应根据勘察项目及其要求确定,至少保留到勘探工作检查验收完成,有条件的,宜存放至工程建设项目竣工验收完成。

2.1.3 钻孔取样

采取岩土样的目的是用来进行室内实验,测定试样所代表岩土层的物理力学性质参数。如果试样的质量不能保证,即使室内实验的仪器再精密、操作方法再严格,也无法保证试验结果能真实反映原位岩土体的工程性质。因此,保证试样的质量是工程勘察中一个非常重要的课题。由于影响试样质量的因素很多,在勘探取样过程中对土样的扰动不可避免。但要保证试样的质量,从钻探和取样的角度,应尽可能地减小对试样的扰动。

不同的实验内容对试样的扰动程度的要求不相同。考虑到获得不扰动试样的成本较高,有必要根据实验目的和实验内容提出对土样扰动程度的要求,对土试样划分质量等级。表2-5给出了土试样质量等级及对应的实验内容。表中的"不扰动"是指尽管原位应力状态虽已改变,但土的结构、含水量和密度变化很小,且能满足室内实验的各项要求。

表 2-5　土试样质量等级

级　别	扰动程度	试验内容
Ⅰ	不扰动	土类定名、含水量、密度、强度试验、固结试验
Ⅱ	轻微扰动	土类定名、含水量、密度等
Ⅲ	显著扰动	土类定名、含水量等
Ⅳ	完全扰动	土类定名

对于不同扰动程度试样,可以采用不同的取土技术,包括采取不同的取样方法、取样工具和操作工艺,其中取土工具是核心因素。针对在钻孔中取样,不同等级土试样的取样工具可按表2-6选择,表中各种取样工具的技术规格和结构应符合相应国家标准的规定。

表 2-6　不同等级土样的取样工具适宜性

土试样质量等级	取样工具		黏性土					粉土	砂土				砾砂、碎石土、软岩
			流塑	软塑	可塑	硬塑	坚硬		粉砂	细砂	中砂	粗砂	
Ⅰ	薄壁取土器	固定活塞	++	++	+	−	−	+	+	−	−	−	−
		水压固定活塞	++	++	+	−	−	+	+	−	−	−	−
		自由活塞	−	+	++	−	−	−	−	−	−	−	−
		敞口	+	+	+	−	−	+	−	−	−	−	−
	回转取土器	单动三重管	−	+	++	++	+	++	++	++	−	−	−
		双动三重管	−	−	+	+	++	−	−	−	++	++	−
	探井(槽)中刻取块状土样		++	++	++	++	++	++	++	++	++	++	++
Ⅰ~Ⅱ	束节式取土器		+	++	++								
	黄土取土器												
	原状取砂器		−	−	−	−	−	++	++	++	++	++	+
Ⅱ	薄壁取土器	水压固定活塞	++	++	+	−	−	+	+	−	−	−	−
		自由活塞	+	++	++	−	−	+	−	−	−	−	−
		敞口	++	++	++	−	−	+	−	−	−	−	−
	回转取土器	单动三重管	−	+	++	++	+	++	++	++	−	−	−
		双动三重管	−	−	+	+	++	−	−	−	++	++	++
	厚壁敞口取土器		+	++	++	++	++	+	+	+	+	+	−

土试样质量等级	取样工具	适用土类										
		黏性土					粉土	砂土				砾砂、碎石土、软岩
		流塑	软塑	可塑	硬塑	坚硬		粉砂	细砂	中砂	粗砂	
Ⅲ	厚壁敞口取土器 标准贯入器 螺纹钻头 岩芯钻头	++ ++ ++ ++	++ ++ ++ ++	++ ++ ++ ++	++ ++ ++ ++	++ ++ + ++	++ ++ + ++	++ ++ + +	++ ++ − +	++ ++ − +	+ ++ − +	− − − +
Ⅳ	标准贯入器 螺纹钻头 岩芯钻头	++ ++ ++	++ ++ ++	++ ++ ++	++ ++ ++	++ + ++	++ + ++	++ + ++	++ ++ ++	++ ++ ++	++ ++ ++	− − ++

注：1. ++为适用，+为部分适用，—为不适用；
　　2. 采取砂土试样应有防止试样失落的补充措施；
　　3. 有经验时，可用束节式取土器代替薄壁取土器。

土试样的扰动程度除了与取土工具有关外，与钻进和取样方法也有关。在采取不扰动土试样时，应特别注意钻进和取样工艺的配合。采用套管护壁时，套管的下设深度与取样位置间应保留一定的距离；采用振动、冲击或锤击钻进时，应在预订取样位置1 m以上，改用回转钻进；在向钻孔内放取土器前应先清孔，使孔底浮土厚度小于取土器的废土管长度；采样时，宜采用快速静力连续压入法，对于较硬的土质，可采用二、三重管回转取土器钻进取样。

采用贯入式取样时，取土器在放入钻孔的过程中不得碰撞孔壁、冲击孔底。取土器放入孔底后，应校核孔深和钻具长度。如果发现孔底浮土太厚，超出上述规定，应取出取土器重新清孔。采取Ⅰ级土试样时，应采用快速、连续静压方式贯入取土器，贯入速率不小于0.1 m/s；采取Ⅱ级土试样时，可采用间断静压方式或重锤少击方式贯入取土器。取土器的贯入深度控制在取样管总长度的90%为宜。当贯入器压入预定深度后，应将取土器回转2～3圈或稍加静置后再提出取土器。

2.2　井探、槽探和洞探

2.2.1　适用条件

井探、槽探和洞探是工程勘探的重要补充手段，在揭示地下岩土层接触关系、构造带位置、破碎带、透水带、剪切带等对工程成功与安全运营、岩土治理成败起关键作用的因素方面发挥着重要作用。这类勘探作业可根据岩土条件采用人工挖掘或爆破法形成。在进行勘探作业时，务必做好安全生产技术措施。

利用探井进行勘探的方法称为井探。探井的种类可根据开口形状分为圆形、椭圆形、方形和长方形等。圆形探井在水平方向上能够承受较大的侧压力,比其他形状的探井更安全。矩形断面则较便于人力挖掘。当岩性较松软、井壁易坍塌时需采取支护措施。探井的平面面积不宜太大,一般以便于操作和取样即可。当探井较深时,其直径或边长应适当加大。在地质条件复杂地区和一些特殊性岩土地区(如湿陷性土、膨胀岩土、风化岩和残积土地区)进行勘探和取样,常需布置适量探井。

利用探槽进行勘探的方法称为槽探。探槽一般用锹、镐挖掘,当遇大块碎石、坚硬土层或风化基岩时,亦可采用爆破法。探槽的挖掘深度较浅,一般在覆盖层小于 3 m 时使用,其长度根据所了解的地质条件和需求决定,宽度和深度则根据覆盖层的性质和厚度决定。当覆盖层较厚、土质较软易塌时,挖掘宽度需适当加大,甚至侧壁需挖成斜坡形。当覆盖层较薄、土质密实时,宽度亦可相应减小至便于工作即可。探槽一般适用于了解覆盖层厚度、地质构造线位置、断层破碎带宽度、不同地层岩性的分界线、岩脉宽度及其延伸方向等,也可在探槽中采集岩石试样和质量较高的土试样。

竖井和平洞一般在岩层中采用爆破法掘进,主要用于大坝坝址、大型地下工程、大型边坡等大型工程的勘察。竖井深度可达数十米。平洞可以从山坡向山体内水平或斜向掘进,也可从竖井底部沿水平方向掘进。

2.2.2　勘探技术要求与取样

1. 探井、探槽和探洞的技术要求

为了达到预期的勘探目的,保证安全,探井、探槽和探洞的深度、长度和宽度等应按勘察任务的要求确定,作业时应按照如下技术要求进行。

(1) 探井深度不宜超过地下水位,且不宜超过 20 m。掘进深度超过 7 m,应向探井通风、照明。当遇地下水时,应采取排水和降水措施。

(2) 探井断面可用圆形或矩形。圆形探井直径可取 0.8~1.0 m,矩形探井可取 1.0 m×1.2 m。根据土质情况,也可适当放坡或分级开挖,井口宜加大。

(3) 探槽挖掘深度不宜超过 3 m,探槽两壁的开挖坡度按开挖深度和岩土性质确定;槽深大于 3 m 时,应根据槽壁土质稳定情况增加支撑或改用探井方法作业,探槽底部宽度不应小于 0.6 m。

(4) 探洞断面可采用梯形、矩形或拱形,洞宽不宜小于 1.2 m,洞高不宜小于 1.8 m。

(5) 当地层破碎或土层不稳定、易坍塌,且又不允许放坡或分级开挖时,应对探井、探槽、探洞壁采取支护措施。可根据土质条件采用全面支护或间隔支护。全面支护时,应每隔 0.5 m 及在需要着重观察部位留下检查间隙。

(6) 在探井、探槽、探洞的开挖过程中,挖出的土石方必须堆放在离井、槽口边缘较远的地方,防止土石塌落、滚落入探井槽内。雨季施工应在井、槽口设防雨棚、开挖截水沟和

排水沟,防止地面雨水流入井、槽、洞内。

（7）对探井、探槽和探洞除文字描述记录外,尚应以剖面图、展开图式等反映井、槽、洞壁和底部的岩性、地层分界、构造特征、取样和原位试验位置,并辅以代表性部位的彩色照片。

（8）勘探作业完成后,应选择合适的填料对探井、探槽和探洞进行分层回填。一般可用开挖出的土料作为回填材料,应分层夯实,密实度不应低于天然土层。临近堤防的勘探孔洞,应采用特殊防渗措施,如采用黏土球作为回填材料,或采用水泥浆、膨润土泥浆灌注回填。

2. 探井、探槽和探洞取样

井探、槽探和洞探是最直接的勘探方法,通过合理的操作程序和方法,能够在探井、探槽和探洞开挖过程中,同步取得Ⅰ级岩土试样。

在探井、探槽和探洞中可以取得较大的块状土样,Ⅰ级、Ⅱ级试样一般用较大容量的盒装,比如采用 $\phi120 \text{ mm} \times 200 \text{ mm}$ 或 $120 \text{ mm} \times 120 \text{ mm} \times 200 \text{ mm}$,或者更大的 $\phi150 \text{ mm} \times 200 \text{ mm}$ 或 $150 \text{ mm} \times 150 \text{ mm} \times 200 \text{ mm}$ 尺寸的容器取、装试样。对于土质不均匀、含有大颗粒的地层,可根据勘察与试验要求定制合适尺寸的取样盒。取样盒一般应做成装配式,以便于采取试样,并应具有足够大的刚度,避免试样受到扰动。

在探井、探槽和探洞中采取块状试样可按如下步骤和要求进行。

（1）确定取样位置,对取样处的表面作整平处理,应考虑取样位置和所取试样的代表性。

（2）根据取样盒的轮廓、尺寸,去除四周土体,形成土柱,其大小应比取样盒内腔尺寸小 20 mm。

（3）套上取样盒的边框,边框上缘应高出土柱 10 mm,然后浇入热蜡液。蜡液应充填满土样与盒内壁之间的缝隙,并使蜡液与边框上缘齐平。待蜡液凝固后,合上盒盖。

（4）小心翼翼地挖、切开试样的根部,使之与岩土母体分离。将试样连同盒一起颠倒过来,削去多余的土料,试样应比取样盒边框低 10 mm,然后浇满热蜡液。待蜡液凝固后,将底盖合上。

2.3 地下水位量测和取水试样

在岩土工程勘察中,地下水的调查是一项重要内容。在场地适宜性评价、岩土工程设计和工程施工过程中,地下水是难以避开的影响因素;对于可能污染的场地,应取水试样进行化验检测,以利于研究制定科学的污染土修复方案。

进行现场勘探,特别是钻探作业,为量测地下水位提供了很好的条件。当钻进遇到地下水时,应量测地下水水位,这是初见水位,表示钻探当时当地的地下水天然水位。有时整个钻孔会遇到多层含水层,当这些含水层对工程建设和运营可能有影响时,应分别测定各层含水层的水位(或水头高度)。测量时,采取分层隔离措施(如在上层含水层下设套管),将被测含水层与其他含水层隔离开来。

如果采用水或泥浆护壁,在钻进过程中有时难以确定初见水位,这种情况下可以量测稳定水位作为场地当时地下水的天然水位。要量测稳定水位,应在钻孔完成后过一段时间进行,间隔的时间应根据地层的渗透性确定:对于卵石层和砂层,间隔时间不应少于30 min;对于粉土和黏性土层,不得少于8 h。无论是初见水位还是稳定水位,都可以在钻孔中直接量测(如采用水位计直接读取),但采用泥浆护壁情形下,地下水位量测会受到影响,可在场地范围内布置专门的地下水位观测孔。对于稳定水位量测,建议在整个勘探作业结束后统一进行。根据规定,地下水位量测精度不得低于±20 mm。

水试样的采取准则是有代表性,即取得的水试样,无论来自地表水体还是地下含水层,确实能够代表天然条件下的水质情况。当有多个含水层需要取水样时,同样需要做好隔离措施,并分别采取水试样,不得混合。为了保证水试样质量,应按照如下步骤和措施采样:

(1) 取水试样前,应检查、清洗盛水的容器,不得有残留杂质。

(2) 取水试样过程中,应尽量减少水试样的暴露时间,及时对盛水容器加盖封闭;对需要测定不稳定成分的水试样,应及时添加稳定剂。

(3) 取得水试样后,应做好记录和标识,包括取样的孔号、深度,取样时间以及是否加入了稳定剂。

(4) 水试样的放置时间依检测项目会有所不同,水试样的送验时间应与实验室联系确认。

2.4　勘探编录

勘探编录又称勘探记录,是在现场完成的包括勘探点位置、标高、土层描述与分界线位置(深度)、地下水位、取样位置、原位试验的位置(深度)、勘探方式、开始与结束日期、钻进方法、护壁方法、勘探过程等信息的详细记录,是岩土工程勘察的第一手资料,对完成勘察任务具有重要的基础性作用。勘探记录应在现场勘探进行过程中同步完成,不得事后补记、追记,记录必须是原件,不得转抄。

内容虽多,但核心是土层的鉴别与分层。现场岩土的鉴别是描述和分层的前提,黏性土与砂土、砂土与碎石土,容易区分,但是对细颗粒土——黏土、粉质黏土和粉土,首先应进行鉴别区分,然后再进行描述记录。根据工程经验,参照《建筑工程地质勘探与取样技术规程》(JGJ/T 87—2012),细粒土的鉴别可按表2-7进行。

表 2-7　细粒土的现场鉴别

鉴别方法和特征	黏土	粉质黏土	粉土
湿润时用刀切	切面非常光滑,刀面有黏腻阻力	稍有光滑面,切面规则	无光滑面,切面较粗糙
用手捻摸的感觉	有滑腻感,饱和度高时极易黏手,感觉不到颗粒存在	仔细捻摸感到有少量细颗粒,稍有滑腻感,有黏滞感	容易感到颗粒存在或感觉粗糙,无黏滞感
粘着程度	湿土极易黏着物体,干燥后不易剥去	能黏着物体,干燥后容易剥掉	一般不会黏着物体,干燥后一碰就掉
湿土搓条情况	能搓成小于0.5 mm土条,手持一端不致断裂	能搓成0.5~2.0 mm的土条	能搓成2~3 mm的土条
干土的性质	坚硬,用锤击才能打碎,不易击成粉末	用锤易击碎,但用手不易捏碎	用手易捏碎
摇震反应	无	无	有
光泽反应	有光泽	稍有光泽	无光泽
干强度	高	中等	低
韧性	高	中等	低

现场记录的内容和格式可参照附表A-1"钻探野外记录表"。表中的各栏都应该按照每个回次(而不是按分层)逐项填写。可能会出现这种情况:在一个回次中土层发生了变化,那么就应对不同的土层分行描述记录。不得将若干回次合并记录,也不可将若干层合并到一行记录。在鉴别和描述土样的同时,宜绘制钻孔柱状图草图(参见附表A-2"现场钻孔柱状图"),可直观表示地层划分情况和地质剖面。

对岩土的描述,要有针对性,尽可能详细。各类土可按下列规定进行描述。

(1)碎石土/卵砾石土的描述内容包括:① 颗粒级配、含量,颗粒粒径、磨圆度,颗粒排列及层理特征;② 粗颗粒形状、母岩成分、风化程度和骨架作用情况;③ 充填物的性质、湿度、充填程度及密实度。

(2)砂土的描述内容包括:① 颜色、湿度和密实度;② 颗粒形状、颗粒级配、矿物组成及层理特征;③ 黏性土等细粒土含量。

(3)粉土的描述内容包括:① 颜色、湿度和密实度;② 包含物及层理特征;③ 干强度、韧性、摇振反应、光泽反应。

(4)黏土/粉质黏土的描述内容包括:① 颜色、湿度与稠度状态;② 包含物、结构与层理特征;③ 光泽反应、干强度、韧性等。

(5)填土的描述内容包括:① 填土类别、堆填方式与堆填时间;② 颜色、湿度或状态及密实度;③ 物质构成、均匀性、结构特征。

对于含有夹层或夹薄层的土,以及存在互层特征的土,除了描述这些层理特征外,还应描述各层土的厚度及其相应特征。

现场记录还应包含钻进过程的一些描述,比如使用的钻进方法、钻具规格、护壁方式等,以及钻孔取样、原位试验的位置(深度)、取样方式和取样工具等。当然,如果钻进过程中出现一些异常,也要一并记录,比如钻孔缩径、下放钻具困难、地下水位或护壁泥浆出现异常变化等。

通过现场勘探作业,应获得如下勘探成果,为后续室内作业奠定基础:

(1) 完整的现场勘探记录,包括地下水位量测记录;

(2) 岩土试样、水试样及钻孔芯样照片;

(3) 除了勘探点平面布置图外,每个钻孔的柱状图和探井(槽、洞)的展开图;

(4) 勘探点坐标、高程数据一览表。

本章训练题

根据附录 B1 提供的钻孔原始记录资料(附表 B1-1—附表 B1-7)及相关地层信息,绘制钻孔柱状图。

标 准 贯 入 试 验

标准贯入试验是利用 63.5 kg 的穿心锤,以 76 cm 的落距自由下落来提供锤击能量,将特定规格的标准贯入器自钻孔底部打入土体中,先预打 15 cm(不记锤击数),再打入 30 cm 并记录其锤击数(即标贯击数 N),并以此指标 N 来评价土体的工程性质。

标准贯入试验采用下端带刃口、由对开半合管组成的中空贯入器,通过标准贯入试验,可从贯入器中取得该试验深度的扰动土样,以对土层进行直接观察,鉴别土类。

标准贯入试验操作简单,地层适应性强,对不易钻探取样的砂土和砂质粉土尤为适用,当土中含有较大碎石时使用受限制。标准贯入试验在国内外广泛采用,积累了大量的工程经验,建立了丰富的标贯锤击数与其他土的工程性能指标之间的经验关系式,方便工程应用。但缺点是测试结果离散性较大,重复性较差。

3.1 试验设备

标准贯入试验属于非连续测试,试验点的间距一般为 1～2 m,需要与钻机配合作业。标贯设备主要由贯入器、触探杆(钻杆)和穿心锤及自动脱钩装置三部分组成,如图 3-1 所示。

(1)贯入器,标准规格的贯入器是由对开管和管靴两部分组成的探头,对开管是由两个半圆管合成的圆筒型取土器;管靴是一个底端带刃口的圆筒体(图 3-2)。二者通过丝口连接,管靴起到固定对开管的作用。贯入器的技术参数(外径、内径、壁厚、刃角与长度)如表 3-1 所示。

表 3-1　标准贯入试验设备的技术参数

		锤的质量/kg	63.5
落锤		落距/mm	760
贯入器	对开管	长度/mm	>500
		外径/mm	51
		内径/mm	35

续表

贯入器	管靴	长度/mm	50~76
		刃口角度/(°)	18~20
		刃口单刃厚度/mm	2.5
	探杆	直径/mm	42
		相对弯曲	<1/1 000

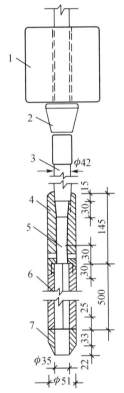

1—穿心锤; 2—锤垫; 3—触探杆; 4—贯入器;
5—出水孔; 6—对开管; 7—贯入器靴

图 3-1 标准贯入试验设备

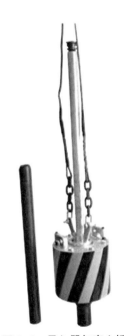

图 3-2 贯入器与穿心锤

(2) 触探杆,国际上多用直径 $\phi > 45$ mm 的无缝钢管,我国则常用直径为 42 mm 的工程地质钻杆。在与穿心锤连接处设置一锤垫。

(3) 穿心锤及脱钩装置,其为 63.5 kg 重的铸钢件,中间有一直径为 45 mm 的穿心孔,以便导向杆穿过(图 3-2)。国内外采用的穿心锤质量相同,但锥型上并不完全统一。落锤的能量受落距控制,落距为 760 mm。目前,标贯试验均采用自动脱钩装置,由钻机卷扬机将穿心锤沿导向杆提起,导向杆在距离锤垫 760 mm 处设置有缩径,由于缩径,穿心锤内的卡珠向内滑移,穿心锤脱离,并沿导向杆自由下落。

我国目前采用的标准贯入试验设备与国际标准一致,各设备部件的技术参数应符合表 3-1 的规定。

3.2　试验技术要点与操作步骤

3.2.1　试验技术要点

标准贯入试验由钻孔作业配合,在钻孔中进行试验时,应满足以下三个技术要求:

(1)标准贯入试验孔应采用回转钻进,并保持孔内水位略高于地下水水位,尽量减少对地层的扰动。当孔壁不稳定时,可采用泥浆护壁;若采用套管护壁时,套管底端应至少高出试验点 750 mm。钻进至试验标高以上 150 mm 处,清除孔底残渣,然后进行标准贯入试验。孔底沉渣厚度不应超过 100 mm。

(2)采用自动脱钩的自由锤击法进行锤击,锤击时应保持贯入器、探杆、导向杆连接后的垂直度,减少导向杆与锤之间的摩擦阻力,并避免锤击时偏心和晃动。锤击速率为每分钟 15～30 击。

(3)将贯入器垂直打入试验土层 150 mm 后,开始记录每贯入土层中 100 mm 的锤击数,将累计贯入 300 mm 的锤击数记为标准贯入试验的实测击数 N。

若遇比较坚硬的土层,贯入不足 300 mm 的锤击数已超过 50 击时,应终止试验,并记录实际贯入深度 ΔS(单位:mm)和对应的累计击数 n,按式(3-1)换算成贯入 300 mm 的锤击数 N。

$$N = \frac{300n}{\Delta S} \tag{3-1}$$

3.2.2　试验操作步骤

依据勘察纲要,确定进行标贯试验的钻探孔,并根据已有地层资料,初步确定进行标贯试验的点位(深度),试验点的垂直间距一般为 1～2 m。在工程地质钻探过程中,如发现原来设定的试验点位不准确,现场工程师应根据勘探现场的情况进行调整。

(1)按正常的钻探程序,先钻进至需要进行标准贯入试验位置的土层标高以上 150 mm 处,按试验的技术要求进行清孔。量测确定试验深度,提出钻具,换用标准贯入器,然后放入到孔底。放入标贯器时应避免对孔底产生冲击。

(2)将穿心锤连同锤垫、导向杆和提引钢丝绳一起放置在探杆(经常用钻杆代替)上,并旋转固定。操作钻机上的卷扬机提升穿心锤,按照技术要求,采用自动脱钩的自由锤击法进行锤击。

（3）事先在探杆（钻杆）上用粉笔标出间隔 10 cm 的刻度，以便于量测贯入器的贯入深度。

（4）先将贯入器打入土层 150 mm，不计锤击数；连续锤击，记录每贯入 100 mm 的锤击数，累计贯入 300 mm 的锤击数即为实测标贯击数。记录格式和内容可参见附表 A-3"标准贯入试验记录表"。

（5）从钻孔中提出、卸下贯入器，将贯入器中的土样取出进行鉴别、描述和记录；然后换以钻具继续钻进，至下一试验深度，再重复（1）—（4）操作。

3.3　试验资料整理与分析

在进行标准贯入试验资料整理之前，应检查试验资料是否齐全。应了解钻进方式、钻孔孔径、护壁方式、落锤方式、地下水位及孔内水位（或泥浆高程）等。检查试验记录是否完整，包括试验深度、100 mm 锤击数和土样的鉴别描述。

1. 试验结果修正

影响标准贯入试验结果的因素很多。能量损失、不同的钻进工艺、杆长、上覆土压力、地下水位等，都会影响标贯试验结果。可采用式（3-2）、式（3-3）修正实测的标贯击数。

$$N' = \alpha \cdot N \tag{3-2}$$

$$\alpha = c_E \cdot c_R \cdot c_N \cdot c_w \tag{3-3}$$

式中　N'——修正后的标贯击数；

　　　N——实测标贯击数；

　　　α——修正系数，c_E，c_R，c_N，c_w 分别为能量损失、杆长、上覆压力和地下水的修正系数。

（1）能量损失的修正。研究表明落锤传输给探杆系统的锤击能量也有很大的波动，变化范围达到 $\pm(45\% \sim 50\%)$，规范操作至关重要。

（2）杆长的修正。关于杆长的影响，国内外的处理意见并不一致，因此，在建立标准贯入击数 N 与其他原位测试或室内实验指标的经验关系式时，对实测值是否修正和如何修正也不统一，因此在标准贯入试验成果应用时，需要特别注意，应根据建立统计关系式时的具体情形来决定是否对实测锤击数进行修正。在勘察报告中，提供的标准贯入锤击数一般可不作杆长修正。

（3）上覆土压力的修正。上覆土压力对试验结果也有影响，随着土层中上覆土压力增大，标准贯入试验锤击数相应地增大。上覆土压力修正系数 c_N 如表 3-2 所示。

表 3-2　上覆土压力修正系数

提出者及提出年份	c_N
Gibb 和 Holtz,1957	$c_N = 39/(0.23\sigma'_{v0} + 16)$
Peck 等,1974	$c_N = 0.77\lg(2\,000/\sigma'_{v0})$
Seed 等,1983	$c_N = 1 - 1.25\lg(\sigma'_{v0}/100)$
Skempton,1986	$c_N = 55/(0.28\sigma'_{v0} + 27)$ 或 $c_N = 75/(0.27\sigma'_{v0} + 48)$

注:σ'_{v0} 为有效上覆压力,以 kPa 计。

(4) 地下水位的修正。当基础底面以下基础宽度 B 范围内存在地下水位,可按式 (3-4)需考虑地下水位对标贯击数的影响。

$$c_w = 0.5 + \frac{z}{2(D+B)} \tag{3-4}$$

式中　z——地下水位埋深(m);

　　　D,B——基础埋深和基础宽度(m),如地下水位埋深大于基础底面以下基础宽度 B,则 $c_w = 1$。

对这些影响因素及机理的研究具有重要意义,然而从工程实践角度,工程师更重要的职责是规范操作,尽量消除人为误差和影响,使标贯试验结果具有一致性和可比性。

2. 绘制标准贯入试验曲线

(1) 根据试验记录表中的标贯击数和试验点深度,绘制标准贯入击数 N 与深度 h 的关系曲线,如图 3-3 所示。有时可以将标贯试验结果标注在工程地质剖面图对应的钻孔旁,在试验点深度标出标贯击数。

(2) 结合钻孔柱状图、工程地质剖面图、其他原位测试结果等勘察成果进行分层。针对每个试验孔,对每个土层的 N 值进行统计,计算单孔单层的标贯击数平均值。然后根据土层厚度进行加权平均,计算场地内每个土层的标准贯入试验击数的平均值。进行统计时,应剔除个别异常值。

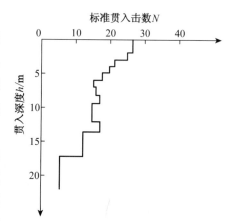

图 3-3　标贯试验成果曲线(N-h)

标准贯入试验成果应用范围广泛。可用标贯击数 N 值,对砂土、粉土、黏性土的物理状态进行评价,估算土的强度和变形参数,进行地基承载力、单桩承载力设计计算,以及判别砂土和粉土液化的可能性等。具体经验公式和表格可参考相关技术标准和工程地质手册,在应用标贯试验成果时,锤击数 N 值是否修正及如何修正,应与建立经验关系式时的做法保持一致。

本章训练题

在某工程场地进行的岩土工程勘探中,3 个钻孔中进行了标准贯入试验,试根据附录 B2 提供的标准贯入试验资料(附表 B2-1)和相关地层信息,对各土层的标贯击数进行统计。

第 4 章

平板载荷试验

平板载荷试验是载荷试验的一类,是指在现场用一个刚性承压板,通过分级加荷,测定天然地基的沉降随荷载的变化,借以确定天然地基承载力、评价试验影响深度范围内地基土的力学性能的现场试验。根据承压板设置深度的不同,平板载荷试验又分为浅层平板载荷试验和深层平板载荷试验。浅层平板载荷试验适用于浅层地基土;深层平板载荷试验适用于埋深等于或大于 5.0 m 和地下水位以上的地基土,也可用于确定深部(通过开挖)地基土层及大直径桩桩端土层在承压板应力主要影响范围内的承载力。

载荷试验是最直观确定承载力的方法,也被认为是可靠的试验方法,因此,也成为其他间接获得地基承载力方法参照的对象和对比的依据。载荷试验不仅可以用于岩土工程勘察和地基评价,在桩基承载力评价和人工地基检验中也得到广泛应用。本章重点介绍岩土工程勘察中最为常用的浅层平板载荷试验,可适用于地表浅层各类地基土承载力的测定。然而需要谨记,地基承载力与基础条件(基础形状、基础尺寸、基础埋深)相关联,在应用载荷试验成果时,需要根据实际条件进行修正。

4.1 试验设备

载荷试验的试验设备由加载系统、反力系统和量测系统三部分组成。

1. 加载系统

加载系统由向地基施加荷载的加载装置和承压板构成,如图 4-1 所示。载荷试验的加载方式有千斤顶加载和重物加载两种,对应的加载装置分别为千斤顶和重物。目前在实际工作中,千斤顶加载被普遍采用,重物加载则十分罕见。千斤顶加载是在反力装置的配合下对承压板施加荷载,通过事先标定好的压力表或应力计读取施加的荷载大小。如果没有反力装置,千斤顶将无法实现加载。重物加载是在事先搭设好的荷载平台上,按照加载计划逐级施加已知重量的重物块。荷载平台直接作用于承压板上,实现对地基的分级加载,如图 4-2 所示。

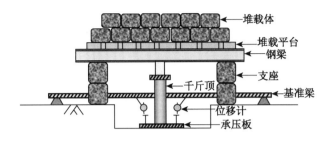

(a)重物提供反力

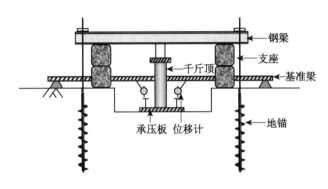

(b)地锚提供反力

图 4-1　常见的平板载荷试验装置示意图

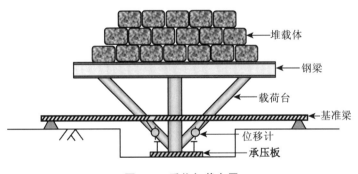

图 4-2　重物加载布置

　　承压板的功能类似于建筑物的基础,所施加的荷载通过承压板传递给地基土层。承压板一般采用圆形或方形的刚性板,也可以根据试验的具体要求采用矩形承压板。

2. 反力系统

　　载荷试验的反力系统为千斤顶加载提供反力,反力可以由重物或地锚单独提供(图 4-1),也可以由地锚与重物联合提供,然后再与梁架组合成稳定的反力系统。目前在实践中采用地锚提供反力比较普遍,地锚的数量根据最大加载量、地层条件确定,如图

4-3所示的伞形地锚系统,最多可以下设 16 只地锚。在下设地锚困难的场地,如碎石土或杂填土场地,可考虑采用重物提供反力。无论是采用什么方式的反力系统,都需要确保其提供的反力不小于最大加载量的 1.2 倍。

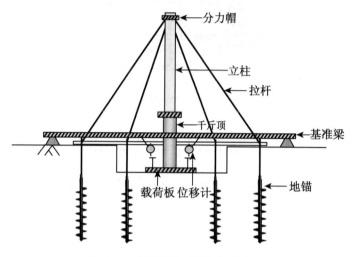

图 4-3　伞形地锚系统与加载布置

3. 量测系统

这里主要是指沉降量测系统。承压板的沉降量测系统包括支撑柱、基准梁、位移测量元件和记录仪。根据载荷试验的技术要求,将支撑柱打设在试坑内适当的位置,将基准梁架设在支撑柱上,将位移测量元件固定在基准梁上,组成完整的沉降量测系统。位移(沉降)测量元件可以采用百分表或位移计,采用位移计时可实现自动记录。

4.2　试验技术要点与操作步骤

4.2.1　试验技术要点

载荷试验点的位置在场地内应有代表性,数量不少于 3 个;当场地较大或者场地地基土不均匀时,应适当增加试验数量。为了获得天然地基承载力,平板载荷试验需在规定的技术要求下进行,这些技术要求的宗旨是尽可能排除干扰,准确量测每级荷载下地基的变形过程和沉降量。进行平板载荷试验,应满足下列技术要求。

1. 试坑尺寸及操作要求

浅层载荷试验的试坑宽度或直径不应小于承压板宽度或直径的 3 倍,深层平板载荷试验的试井直径应等于承压板直径。

试坑底部的土层应避免扰动,保持其原状结构和天然含水量。试坑开挖完成后,应铺设不超过 20 mm 厚的砂垫层并找平,然后尽快安装承压板等测试设备。

2. 承压板及其尺寸

载荷试验宜采用圆形刚性承压板,根据土的软硬选用合适的尺寸,浅层平板载荷试验的承压板面积不应小于 0.25 m^2。一般情况下,可参照经验选择承压板尺寸:对于软土和一般黏性土地基,常用面积为 0.5 m^2 的圆形或方形承压板;对于碎石类土,承压板直径(或宽度)应为最大碎石直径的 10～20 倍;对于岩石类土或均质密实土,如 Q_3 老黏土或密实砂土,承压板的面积以 0.10 m^2 为宜。

3. 位移量测系统安装与精度要求

基准梁的支撑柱或其他类型的支点应离承压板和地锚(如果采用地锚提供反力)一定的距离,以避免在试验过程中地表变形对试验结果产生影响。与承压板中心的距离应大于 $1.5d$(d 为承压板的直径或边长),与地锚的距离应不小于 0.8 m。基准梁架设在支撑柱上时,一端固定,让另一端自由,以避免由于基准梁杆热胀冷缩引起沉降观测的误差。

沉降测量元件应对称地布置在承压板上,百分表或位移传感计的测头应垂直于承压板设置。百分表或位移传感计的量测精度不应小于 $\pm 0.01 \text{ mm}$。

4. 加载方式

载荷试验的加载方式一般采用分级维持荷载沉降相对稳定法(常规慢速法);有地区经验时,也可采用分级加荷沉降非稳定法(快速法)或等沉降速率法。载荷试验应采用分级加载,应缓慢施加荷载,保持整个加载系统的稳定及荷载对承压板中心的竖向传递。加载等级一般取 10 至 12 级,且不应小于 8 级。最大加载量不应小于地基土承载力设计值的 2 倍,荷载的量测精度应控制在最大加载量的 $\pm 1\%$ 以内。

5. 沉降观测

当采用慢速法时,对于土体,每级荷载施加后,间隔 5 min、5 min、10 min、10 min、15 min、15 min 测读一次沉降,以后间隔 30 min 测读一次沉降。当连续两个小时,且每小时沉降量不大于 0.1 mm 时,可以认为沉降已达到相对稳定标准,则施加下一级荷载。

6. 试验终止条件

载荷试验的最大加载量一般不小于地基承载力设计值的 2 倍。当出现下列情况之一时,可认为地基已达破坏阶段,并可终止试验。

(1)承压板周边的土体出现明显侧向挤出,周边土出现明显隆起或径向裂缝持续发展。

(2)本级荷载下的沉降量大于前一级荷载下的沉降量的 5 倍,荷载-沉降曲线出现陡降。

（3）在某级荷载下 24 h 沉降速率不能达到稳定标准。

（4）总沉降量与承压板直径（或边长）之比超过 0.06。

4.2.2　试验操作步骤

这里以天然地基的浅层平板载荷试验论述试验操作步骤，深层平板载荷试验可参照执行。

1. 试验前的准备工作

（1）检查试验设备完好性和仪器仪表（千斤顶、百分表或位移计）的时效性，仪器仪表应经过计量，且在有效期内。

（2）根据收集到的资料，对地基承载力（极限值或设计值）进行估算。

（3）确定试验点位，根据勘探结果，确定试验深度，为试坑开挖做准备。

（4）制订加载计划：根据预估的地基承载力和承压板面积计算施加的最大荷载；确定加载分级数和每级荷载增量；根据千斤顶标定曲线，确定每级荷载对应的千斤顶油压表读数或应力环变形量。举例来讲，假设拟进行载荷试验的黏性土层的承载力设计值预估为 120 kPa，采用的承压板面积为 0.5 m²。按 2 倍估算，极限承载力为 240 kPa，则最大荷载等于 240×0.5＝120 kN。为便于计算，分 10 级加载，则分级加载增量为 12 kN。千斤顶标定曲线往往呈直线，因此很容易根据标定曲线确定各级荷载（12 kN，24 kN，36 kN，…，120 kN）对应的油压表对数或应力环变形量。

南光地质仪器有限公司生产的手动油泵加载装置，如图 4-4 所示，由手动油泵、千斤顶、力传感器、高压油管和显示仪构成。加载时可以直接从显示仪上读取荷载的大小。当然，该加载装置在试验前也需要事先计量标定。利用该装置，可在试坑外加载和读数，操作方便、安全。

(a) 手动油泵　　　　　　　　　　(b) 荷载显示仪

图 4-4　手动油泵加载装置

在确定最大加载量时，如果缺乏相关参考资料，可根据表 4-1 中的参考值确定相应地基土载荷试验的荷载增量。

表 4-1　荷载增量参考值

试验土层及其特性	荷载增量/kPa
淤泥、流塑状黏性土、松砂	<15
软塑状黏性土、新近沉积黄土、稍密砂土和粉土	15～25
硬塑状黏性土、新黄土(Q_4)、中密砂土	25～50
坚硬状黏性土、密实砂土、老黄土、新黄土(Q_3)	50～100
碎石类土、软岩及风化岩	100～200

2. 设置反力装置

在试验点位确定以后,应以试验点为中心,对称下设地锚。地锚下设的位置应根据锚具的形式、地锚的数量等确定。图 4-5 是伞形地锚系统的照片。如果采用重物(钢锭、特制混凝土块体、土袋)提供反力,则应先开挖试坑,然后搭设堆载平台和重物。图 4-6 是重物反力装置的照片。

图 4-5　伞形地锚装置实物图

图 4-6　重物反力装置

3. 开挖试坑

按技术要求,浅层平板载荷试验的试坑深度应等于浅基础的基础埋深,试坑直径或边长应不小于承压板直径或边长的 3 倍。在实际工作中,为便于设备安装和人员操作,试坑不一定开挖成圆形或方形,可开挖成长方形。如果试坑深度较大,试坑的一侧短边宜挖成斜坡或台阶状。当采用地锚装置提供反力时,由于很难保证地锚下设时不偏移,因此,地锚完成后还应根据地锚位置,观察是否需要微调试验点位置和试坑开挖的边界。

开挖试坑时,表层土可采用机械开挖,在距离试验深度 150 mm 左右改为人工开挖,应避免超挖。在试验点位(承压板覆盖区域)应尽可能开挖平整。开挖完成后,铺设 20 mm 中细砂并找平。然后尽快安装承压板,放置时承压板应水平缓慢着地。

4. 基准梁架设

按前述技术要求确定立柱位置,然后打设 4 根立柱以架设基准梁,立柱打设应有足够深度,并应在整个试验过程中保持稳定。

将基准梁(钢管)架设到立柱上,一端固定,另一端放松;架设高度要适宜,以便于安装百分表或位移计。

5. 千斤顶安装

将千斤顶放置在承压板中心位置,并保持垂直;根据反力装置的具体情形,考虑是否需要在千斤顶与反力装置之间放置垫块,应确保在整个试验过程中千斤顶具有足够的冲程。如果采用人工读数,安装时应将千斤顶上的油压表(应力环上的百分表)朝向加载位置。

如采用前述的手动油泵加载装置,应力传感器应直接放置在千斤顶上,通过高压油管将千斤顶和应力传感器与手动油泵连接。

6. 百分表或位移计安装

根据承压板大小,一般采用 3 个或 4 个位移量测仪表。百分表或位移计应对称、均匀布置在承压板上。采用磁性表座,将百分表或位移计固定在基准梁上。固定时,百分表或位移计测杆应垂直地放置在承压板上,并应留有足够的量程。

7. 荷载施加

第一级荷载(含承压板和千斤顶等设备自重)宜接近试坑底部原有的有效自重压力。如果第一级荷载与分级增量差距较大,应该对上述制定的加载计划进行相应的调整。当前一级荷载下沉降达到稳定标准后,根据加载计划陆续施加后续等级的荷载。

每级荷载施加后,随着地基沉降及反力系统的变形,会出现荷载松弛(荷载减小)。现场人员应及时通过补压,维持荷载在误差范围内($\pm1\%\ FS$)。

8. 沉降观测与记录

依慢速法的技术要求,每级荷载施加以后,即按 5 min、5 min、10 min、10 min、15 min、15 min 间隔测读沉降,之后间隔 30 min 读取一次各百分表或位移计的读数,并按附录 A 中的附表 A-4"浅层平板载荷试验记录表"的格式和内容做好记录。

现场测读、记录人员应及时计算每次读数后各测点(百分表或位移计)的沉降量及承压板的平均沉降量。当满足前述沉降稳定标准,即可施加下一级荷载。

9. 终止试验

当荷载已施加到最大荷载,或前述终止试验条件已出现,即可终止试验。

10. 地基回弹观测

地基的回弹观测并非必需,当需要时可进行卸载回弹观测。每级卸载量可取每级加载增量的 2 倍或 3 倍,每级卸载后每隔 15 min 观测一次回弹量,1 h 后直接进行下一级卸载;等荷载全部卸载完毕,宜继续观测 2~3 h。

4.3　试验资料整理与分析

对于采用沉降相对稳定法(慢速法)进行的载荷试验,资料整理包括观测数据的修正和相关试验曲线的绘制,为后续成果应用奠定基础。

4.3.1　试验数据修正

首先根据载荷试验沉降观测原始记录,绘制荷载(p)-沉降(s)曲线;如果原始 p-s 曲线的直线段的延长线不经过坐标系原点($0,0$),则需要对其进行修正。修正的方法主要有图解法和最小二乘法。

1. 图解法

对于初始段为直线(或近似直线)的 p-s 曲线,可直接采用图解法进行修正。将初始直线段延长,与 s 轴相交,截距为 s_0,称为校正值。然后将 p-s 曲线上的各点同时沿 s 坐标轴平移 s_0,使 p-s 曲线的直线段通过原点(图 4-7)。这样得到的 p-s 曲线即为修正后的 p-s 曲线。

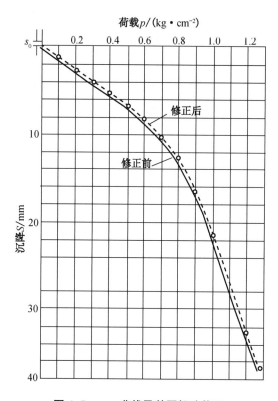

图 4-7　p-s 曲线及其图解法修正

2. 最小二乘法

对于具有明显的初始直线段和拐点的 p-s 曲线,还可采用最小二乘法进行修正。假设可以用式(4-1)表示 p-s 曲线的直线段:

$$s = s_0 + Cp \tag{4-1}$$

则有最小二乘法计算式:

$$Ns_0 + C\sum p - \sum s' = 0 \tag{4-2}$$

$$s_0 \sum p + C\sum p^2 - \sum ps' = 0 \tag{4-3}$$

解式(4-2)、式(4-3)得：

$$C = \frac{N \sum ps' - \sum p \sum s'}{N \sum p^2 - (\sum p)^2} \qquad (4-4)$$

$$s_0 = \frac{\sum s' \sum p^2 - \sum p \sum ps'}{N \sum p^2 - (\sum p)^2} \qquad (4-5)$$

式中　N——加荷次数；

　　　s_0——校正值(mm)；

　　　p——单位面积压力(kPa)；

　　　s'——各级荷载下的原始沉降值(mm)；

　　　C——直线段斜率。

求得 s_0 和 C 值后，按下述方法修正沉降观测值：对于比例界限以前各点，按 $s = s_0 + Cp$ 计算；对于比例界限以后各点，则按 $s = s' - s_0$ 计算。然后用修正后的沉降值绘制 p-s 曲线。

如果 p-s 曲线为缓变型，直线段不明显或特征点不易确定，需要时可绘制 s-$\lg t$ 曲线和 $\lg p$-$\lg s$ 曲线，以辅助确定比例界限压力和极限压力等特征点。

4.3.2　地基承载力评定

1. 确定比例界限压力 p_0

对于具有明显的初始直线段和拐点的 p-s 曲线，拐点处对应的荷载值即为比例界限压力 p_0。当 p-s 曲线上没有明显的初始直线段和拐点时，可按以下方法确定。

(1) 在某一级荷载下，其沉降量超过前一级荷载下沉量的两倍，即 $\Delta s_n > 2\Delta s_{n-1}$ 的点所对应的荷载可作为比例界限压力 p_0；

(2) 绘制 $\lg p$-$\lg s$ 曲线，曲线上转折点所对应的荷载值即为比例界限压力 p_0；

(3) 绘制 p-$\dfrac{\Delta p}{\Delta s}$ 曲线，曲线上的转折点所对应的荷载值即为比例界限压力 p_0，其中 Δp 为荷载增量，Δs 为相应的沉降量。

2. 确定极限压力 p_u

当满足前述试验终止条件中的前三个条件之一时，取对应的前一级荷载作为极限压力 p_u。

在比例界限压力 p_0 和极限压力 p_u 确定以后，可以据此评定地基承载力。可以将比例界限压力 p_0 作为地基承载力标准值，或者采用极限压力 p_u 除以安全系数(一般取2)确定地基承载力标准值。当根据比例界限压力 p_0 评定地基承载力时，其值不应大于极限压力 p_u 的一半。

在工程实践中,有时荷载已经达到最大加载量,但并不能确定极限压力(地基并没有破坏)。这种情况常出现在地基承载力的验证性试验中,如地基处理效果检验,只需要验证地基承载力是否达到事先设定的某一值。此时,可取最大加载量的一半作为地基承载力标准值。

本章训练题

根据附录 B3 提供的平板载荷试验资料(附表 B3-1),对试验结果进行整理分析:

(1)采用最小二乘法对原始观测数据进行修正;

(2)利用修正后的观测数据绘制 p-s 曲线、s-$\lg t$ 曲线和 $\lg p$-$\lg s$ 曲线;

(3)确定地基承载力标准值。

第5章

静 力 触 探 试 验

　　静力触探试验是利用准静力以恒定的贯入速率,将一定规格和形状的圆锥探头通过一系列探杆压入土中,同时测记贯入过程中探头所受到的阻力,根据测得的贯入阻力大小来间接判定土的物理力学性质的现场试验方法。在探头上增加孔压量测装置(孔压传感器、过滤器等),使触探过程中不仅可以量测土层对探头的阻力,可以量测探头附近的孔隙水压力。这种静力触探称为孔压静力触探(Piezocone Penetration Test,CPTu)。近20年来,静力触探朝着多功能化发展,在静探探头上增加了许多新型的功能,如测温、测斜,以及地磁、土壤电阻或地下水 pH 值等的测量,开拓了静力触探技术新的应用领域。

　　静力触探试验具有速度快、劳动强度低、清洁、经济等优点,适应于软土、黏性土、粉土、砂类土和含有少量碎石的土层。目前,静力触探可实现近乎连续的测试和记录(常规读数间距为 50 m、100 mm,最小可到 10 mm),不受取样扰动等人为因素的影响,这非常适用于竖向变化比较复杂的地基土、难以取样的地基土和高灵敏性软土。但是,静力触探试验中不能对土进行直接地观察、鉴别,不适用于含较多碎石、砾石的土层和很密实的砂层。

5.1　试验设备

　　静力触探试验设备包括静探探头、探头贯入设备、量测和标定设备四部分。探头贯入设备由贯入主机、探杆和反力装置组成,标定设备包括测力计和加、卸载装置(标定架或压力罐)及一些辅助设备。

　　1. 贯入设备

　　(1) 贯入主机,按加压动力装置,静探贯入主机分电动机械式、液压式和手摇链条式三种。电动机械式和液压式静力触探机推力大,应用范围广。目前,尤以液压式贯入主机最为常见。手摇链条式静探贯入仪具有结构轻巧、操作简单、不用交流电、易于安装和搬运等特点,在交通不便及无法通电的地区优势明显。图 5-1 和图 5-2 分别为手摇链条式贯入仪和液压静探贯入仪。

　　(2) 探杆,探杆是传递贯入力的媒介,采用高强度的无缝合金钢管制造。通常使用的探杆的直径有 36 mm 和 42 mm 两种,可根据测试土层的力学特性、试验深度进行选择。

（3）反力装置,多采用地锚,有时将地锚与压载联合使用,为贯入主机提供反力。为了提高工作效率和改善作业条件,目前,静力触探车的使用越来越普遍,车辆自重及配重可为贯入探头提供反力(图 5-3、图 5-4)。

图 5-1　手摇式贯入仪

图 5-2　液压式贯入仪

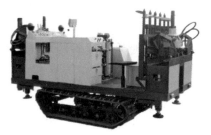

图 5-3　履带式静力触探车

图 5-4　静力触探试验车

2. 静探探头

探头是感知贯入过程中所受阻力大小的部件,是静力触探试验的核心。目前在工程实践中,主要使用的探头有单桥探头、双桥探头、孔压探头和其他带有特殊功能的探头。

单桥探头的结构如图 5-5 所示,主要由外套筒、顶柱、空心柱等组成。

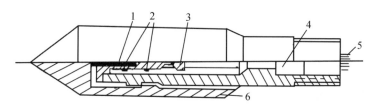

1—顶柱;2—电阻应变片;3—传感器;4—密封垫圈;5—四芯电缆;6—外套筒

图 5-5　单桥探头结构示意图

（1）外套筒为一锥形圆筒,锥角为 60°,在外套筒的内部有几圈丝扣,拧在探头管上。当外套筒的内螺纹旋过探头管上相应的外螺丝以后,外套筒与探头脱离,但掉不下来(有螺纹挡着）。这样,在贯入时,外套筒所受阻力就传给顶柱。

（2）顶柱是放在空心柱内的一个实心圆柱形部件,它一头顶在空心柱顶端,一头顶在外套筒锥头中心槽内。顶柱与空心柱间隙为 0.5 mm。贯入时外套筒受到的阻力即由顶柱传到空心柱,而由于空心柱上端悬空,下部与探头管丝扣连结,则使空心柱拉长,产生机械变形。

（3）空心柱为一空心圆柱体,柱体上粘贴电阻应变片。当空心柱受拉产生应变时,电阻应变片将应变转换成电位变化,输出电讯号,实现量测贯入阻力(比贯入阻力)的功能。

常用的单桥探头规格如表 5-1 所示。

表 5-1　单桥探头规格

类型	锥底直径 /mm	锥底面积 /cm²	有效侧壁长度 /mm	锥角/(°)	触探杆直径 /mm
I	35.7	10	57	60	33.5
II	43.7	15	70	60	42.0
III	50.4	20	81	60	42.0

双桥探头在贯入过程中可同时量测锥尖阻力和侧壁摩擦阻力,其结构如图 5-6 所示。

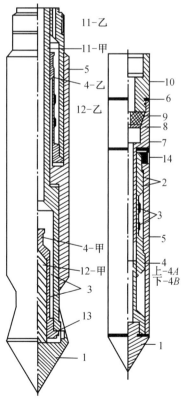

1—锥尖;2—O 形密封圈;3—电阻丝片;4—变形柱;5—摩擦筒;6—密封圈;7—加强筒;
8—垫圈;9—密封圈;10—接头;11—支座;12—顶柱;13—胶垫;14—螺帽

图 5-6　双桥探头结构示意图

锥尖阻力量测部分：由锥头、空心柱下半段、加强筒组成锥尖阻力传递结构。

当探头被压入土中时，锥头受到土层一个向上的阻力，传给空心柱下半段一个向上的顶力，同时空心柱中部受到来自触探杆传给加强筒向下的力，使空心柱下半段受到挤压，产生压应变，而贴在空心柱下半段上的电阻应变片也发生相应压应变，电阻随之减小。

侧摩阻力量测部分：由摩擦筒、空心柱上半段及加强筒组成侧壁摩擦阻力传递结构。

当探头压入土中时，土层不但会给锥头有一个反力，而且还给摩擦筒有一个向上的摩阻力。由于摩擦筒上部与空心柱丝扣连接，故空心柱顶部受到一个向上的拉力，而空心柱中部同样是受到来自加强筒向下的力，所以空心柱上半段受拉产生拉应变，而贴在空心柱上的电阻应变片也发生相应应变，电阻随之增大。

常用双桥探头规格如表5-2所示。

表5-2 双桥探头规格

类型	锥底直径/mm	锥底面积/cm²	有效侧壁长度/mm	锥角/(°)	触探杆直径/mm
I	35.7	10	200	60	33.5
II	43.7	15	300	60	42.0

孔压探头可以是单桥孔压探头，也可以是双桥孔压探头，除了前述量测比贯入阻力或锥尖阻力和侧摩阻力的机构外，同时具有量测贯入过程中探头附近孔隙水压力的传感器。孔压探头的过滤器位置，发展历史上，曾被设置在锥面上、锥肩上和摩擦筒尾部，如图5-7所示，测得的孔隙压力分别记为 u_1, u_2 和 u_3。但目前过滤器的位置已基本固定，以过滤器位于锥肩为标准，习惯称为 u_2 位置。

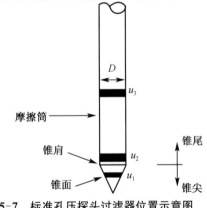

图5-7 标准孔压探头过滤器位置示意图

3. 量测记录仪

静力触探记录仪有数字式电阻应变仪、电子电位差自动记录仪、微电脑数据采集仪等。微电脑数据采集仪的功能包括数据的自动采集、储存、打印、分析整理和自动成图，使用方便。记录仪往往与静探探头配套，不同探头供应商会采用自己对应的静探记录仪。目前国内常规的做法是：采用与探头相连的四芯或八芯的屏蔽电缆传输信号，用静力触探专用记录仪或微电脑记录和储存试验数据器，如果采用微电脑记录，可现场显示静探曲线等测试结果；记录仪采集的测试结果可以方便地导入电脑，进行后期资料整理和分析。

4. 静探标定设备

静探探头的标定是试验前的必要环节,未经标定的探头不得用于试验。探头的标定采用专用的静探探头率定机进行,孔压探头的饱和与标定也有相应的专用设备,如图 5-8 和图 5-9 所示。

图 5-8　静探率定机　　　　　　图 5-9　孔压探头饱和率定机

5.2　试验技术要点与操作步骤

5.2.1　试验技术要点

在静力触探试验工作之前,应进行常规的试验前准备工作,包括检查探杆的平直度、电缆线的长度及磨损情况等,以保证试验能够顺利进行。还应按规定进行探头的标定,如果使用孔压探头,应按要求对探头进行饱和处理。

1. 探头的标定

标定的目的是建立探头阻力与监测仪器读数之间的直接关系。在新探头使用前,或者一个探头使用一段或放置一段时间后,应按规定对探头进行标定试验。

标定时,按探头设计的最大加载量分 5 至 10 级,逐级加压,并记录对应的仪器显示值。加到最大荷载后,逐级卸载至零,同时记录仪器的显示值。重复这一过程至少 3 次,取平均值作图。一般以压力为纵坐标,以应变量(或其他仪器显示值)为横坐标,绘制压力-应变关系曲线。正常情况下,二者之间的关系应为一条通过坐标系原点的直线。

探头标定测力传感器的非线性误差、重复性误差、滞后误差、温度漂移和归零误差均应小于满量程输出值的 1%。如果探头标定曲线呈非线性或者截距偏大(归零性差),以及滞后现象严重,那么这种探头不能使用。

2. 孔压探头的饱和与标定

孔压量测系统的饱和是保证正确量测孔压的关键。探头的饱和处理与标定步骤如下。

（1）过滤器的脱气：通常可用真空泵抽气或煮沸2～4 h的方法使之达到饱和并封闭储存在脱气液体中。

（2）孔压应变腔的抽气和注液：在孔压探头使用前，应用特制的抽气-注液手泵对孔压应变腔抽气并注入脱气水或其他经脱气处理的硅油或甘油。当试验在饱和土中进行，通常可用脱气水来去除空气。当试验在非饱和土中进行，则用甘油及类似物来饱和。

（3）孔压探头的组装：过滤器与应变腔的组装，以及锥尖的安装应在脱气水中进行，要防止过滤器直接暴露于空气中。

（4）孔压探头饱和度的保持措施：孔压探头提离液面前，应使用一个大小合适且不泄漏的橡胶膜套住过滤器，以隔离外界空气。

（5）孔压探头的标定应在特制的孔压探头率定机上进行，先按上述（1）—（3）进行孔压探头饱和，然后在饱和状态下放入率定机压力罐内，封闭压力罐；通过分级加压—卸压多个循环，建立压力与孔压读数之间的关系，正常情况下二者之间应保持线性关系。

3. 探头与贯入试验

进行静力触探试验，依据《岩土工程勘察规范》（GB 50021—2001）（2009版），所用的探头和贯入操作应满足如下技术要求：

（1）探头圆锥底面积应采用10 cm^{2}或15 cm^2，对应的单桥探头侧壁高度分别为57 mm和70 mm，双桥探头侧面积应采用100～300 cm^2，探头锥尖的锥角应为60°；

（2）探头应匀速垂直地压入土层中，贯入速率控制在为(20±5)mm/s；

（3）现场试验中，测力传感器的归零误差应小于3%，绝缘电阻不小于500 MΩ；

（4）深度记录的误差不应大于贯入深度的±1%；

（5）当贯入深度超过30 m，或穿过厚层软土进入硬土层时，应采取措施以防止孔斜或断杆，亦可配备测斜装置；

（6）孔压探头饱和后应采取饱和度保持措施，直至贯入地下水位以下土层为止；在孔压静探试验过程中，不得上提探头。

4. 孔压静探的消散试验

在预定试验深度进行孔压消散试验时，应从探头停止贯入时起，开始用秒表计时，计时的时间间隔由密到疏，合理控制。在消散试验过程中，使探杆（探头）在竖直方向上保持不动。

5. 终止试验

在正常情况下，贯入深度经达到要求的贯入长度时，即可终止试验。在静力触探贯入测试过程中,任何对试验设备可能造成损坏的因素都会使试验被迫中止。当遇到以下情况之一时,应该停止静力触探试验的贯入。

(1) 贯入主机负荷达到额定负荷的 120% 或探杆出现明显弯曲;

(2) 探头的倾斜度超过了量程范围或探头负荷达到额定荷载;

(3) 反力装置失效;

(4) 试验记录显示异常。

5.2.2　试验操作步骤

鉴于静力触探试验存在多种贯入主机、反力装置等,这里以液压式贯入设备、地锚提供反力进行论述,其他设备条件下的操作步骤可参考。

1. 试验前的准备工作

如前述技术要求,试验之前应检查探头、探杆,对探头进行标定,除此之外,还应进行如下准备工作。

(1) 选择、准备探杆和电缆线:根据试验深度和地层条件选择探杆,对于孔深超过 30 m,可能穿越坚硬土层的情形,应选择 ϕ42 mm 探杆。电缆应按探杆连接顺序一次穿齐。

(2) 试验孔定位和开孔:根据勘察点平面布置图,现场放样定位试验孔,并做出明显标记。对于表层有杂填土或可能存在贯入障碍的场地,应采用人工开挖或钢钎进行开孔。

(3) 贯入主机就位、调平:清楚障碍物后,平整试验孔周边地表,根据勘察深度要求和贯入设备特点下设地锚,使贯入主机就位;就位后,用地锚固定,调平贯入主机并用水准尺和自带的水准装置校准。

(4) 探头就位与连接:将探头连同探杆和电缆线一起下穿,放入试验孔内,电缆线另一端与记录仪连接。

(5) 对于单桥或双桥探头,将探头贯入地面以下 0.5～1.0 m 后,上提探头 50～100 mm,观察零漂情况,待测量值稳定后,将记录仪调零并将探头压回原位进行正式贯入。

(6) 对于孔压探头,应事先做好饱和准备。当地下水埋藏较深时,应先采用直径略大于孔压探头的单桥探头贯入至地下水位开孔,然后再换成孔压探头进行孔压静探。

2. 静探贯入与记录

(1) 以 20 mm/s 贯入速率匀速贯入探头,数据采集间隔宜为 50 mm 或 100 mm,一般采用自动记录。

(2) 贯入过程中接续探杆时,丝扣必须上满,动作迅速,尽量缩短接杆时间;在接杆期间,应采取措施避免探杆回弹或起伏。

(3) 贯入时,如果遇到密实、粗颗粒或含碎石颗粒较多的土层,应先打预钻孔,不可硬性贯入;对于浅层存在松散杂填土、碎石土层的情形,可使用套筒来防止孔壁的坍塌。

（4）贯入过程中，如遇到前述终止试验的任一种情形，应查找出现的原因，是否因操作失误引起。无法补救时，即可取出探头，结束试验或调整孔位重新进行静力触探试验。

3. 归零检查与深度校核

（1）在地面下 6 m 深度范围内，每贯入 2～3 m 应提升探头一次，并记录零漂值；在孔深超过 6 m 后，视零漂的大小可放宽归零检查的深度间隔或不作归零检查。

（2）记录深度的标尺设置在贯入主机上，每隔 3～4 m 应该校核一次实际的贯入深度。

（3）终孔起拔探杆时和探头拔出地面时，应分别记录零漂值。

（4）孔压探头在整个贯入期间不得提升探头。终孔起拔探头时应记录锥尖阻力和侧壁摩阻力的零漂值；探头拔出地面时，应记录孔压的零漂值。

4. 孔压消散试验

（1）事先对钻探资料进行分析，确定孔压消散试验的位置（深度）；当探头贯入到指定深度时，应立即开始孔压消散试验。

（2）从探头停止贯入时刻起，用秒表记录不同时刻的孔压值和端阻力等试验数据。记录的时间间隔由密到疏，可以按时间间隔：2 s、4 s、8 s、16 s、30 s、1 min、2 min、4 min、…记录数据，超过 1 h 后，每 2 h 记录一次。

（3）孔压消散试验宜进行到孔压达到稳定值为止（连续 2 h 内孔压值保持不变视为稳定），也可视地层条件和固结参数计算方法的要求，固结度达到 60%～70% 时，可终止试验。在做消散试验时，应实时绘制消散曲线，监控孔压随时间的消散情况。

（4）在整个消散试验期间，应保持探头静止不动，不得松动、碰撞、升降探杆。

5. 收尾工作

一个静探孔的试验结束后，应按如下步骤做好收尾工作。

（1）起拔最初几根探杆时，注意观察探杆上的干、湿分界线位置，并记录在案。

（2）卸探杆时，不得转动下面的探杆，要防止探头电缆压断、拉脱或扭曲。

（3）卸探杆和探头拔出地表后，应及时清洗、检查，按顺序整齐摆放。

（4）对于孔压探头，如果要进行下一个试验，应重新对探头的过滤器和应变腔进行脱气、注液饱和处理。

5.3 试验资料整理与分析

1. 试验结果修正

静力触探试验成果受地温、孔压、探头倾斜等一系列因素的影响，通过试验过程中的观察记录,可以对部分因素的影响进行修正。

测试深度修正:当记录深度(贯入长度)与实际深度有出入时,应将深度误差沿深度进行线性修正。深度修正要求在静力触探试验中同时量测探头的倾斜角 θ(相对铅垂线)。

零漂修正:一般按归零检查的深度间隔按线性内插法对测试值加以修正。

贯入阻力修正:无论采用常规探头还是采用孔压探头,在静力触探试验过程中,量测的探头阻力都会受到孔隙水压力的影响。当采用孔压探头时,可以依据试验中测量的孔压值求得修正后的锥尖阻力和侧壁摩阻力。

通过修正后,获得静力触探试验在各测试深度的"真实"测试值:单桥静探的比贯入阻力 p_s,双桥静探的锥尖阻力 q_c 和侧壁摩阻力 f_s,可按式(5-1)计算摩阻比 R_f。

$$R_f = f_s/q_c \tag{5-1}$$

2. 绘制静力触探曲线

对于单桥探头,只需要绘制 p_s-h 曲线;对于双桥探头,要在同一张图纸上绘制的触探曲线包括 q_c-h 曲线、f_s-h 曲线和 R_f-h 曲线;在孔压静力触探试验中,除了双桥静力触探试验曲线外,还要绘制 u_2-h 曲线,并结合钻探资料附上钻孔柱状图,如图 5-10 所示。

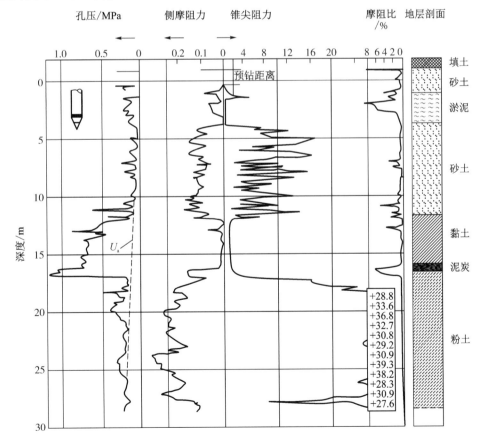

图 5-10　孔压静力触探试验曲线

由于贯入停顿间歇,曲线会出现喇叭口或尖峰,在绘制静探曲线时,应加以圆滑修正。

3. 测试结果的分层统计

在进行参数统计之前,要根据静力触探试验成果对土层进行划分。在划分土层时,一般应根据当地经验进行。对于单桥静力触探试验,可参照表5-3给出的比贯入阻力 p_s 允许变动范围值进行土层划分,当 p_s 不超过允许变动幅度时,可并为一层。最好能够将静力触探结果与钻孔资料相结合,采用对比法分层,可以提高分层的准确性。

表 5-3   并层允许 p_s 变动幅度

p_s 范围值/kPa	允许变动范围/kPa
$p_s \leqslant 1$	$\pm 0.1 \sim 0.3$
$1 < p_s \leqslant 3$	$\pm 0.3 \sim 0.5$
$3 < p_s \leqslant 6$	$\pm 0.5 \sim 1.0$

采用算术平均法或根据触探曲线采用面积积分法对单孔各分层的试验数据进行统计,计算时,应剔除个别异常值或峰值,并排除超前滞后值。

计算整个勘察场地的分层贯入阻力时,可按各孔穿越该层的厚度加权平均法计算;或将各孔触探曲线叠加后,绘制谷值与峰值包络线和平均值线,以便确定场地分层的贯入阻力在深度上的变化规律及变化范围。

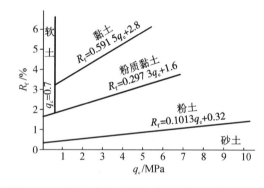

图 5-11   利用双桥探头触探参数判别土类

4. 土层分类

由于不同类型的土可能有相同的 p_s、q_c 和 f_s 值,因此,利用静力触探进行土层分类时,单靠某一个指标是无法对土层进行正确分类的。图5-11为依据双桥探头 q_c 和 R_f 进行土类判别,在工程实践中可做参考。

本章训练题

根据附录B4提供的静力触探试验资料,绘制单孔各测试指标沿深度的变化曲线;结合所给出的土层提示,依据静探试验成果进行土层划分,分层统计本场地的静探指标。

第 **6** 章

十 字 板 剪 切 试 验

十字板剪切试验是一种通过对插入地基土中规定形状和尺寸的十字板头施加扭矩,使十字板头在土体中等速扭转形成圆柱状破坏面,经过换算评定地基土不排水抗剪强度和残余抗剪强度的现场试验。

根据读数记录方式的不同,十字板剪切试验分为普通十字板和电测十字板;根据贯入方式的不同又可分为预钻孔十字板剪切试验和自钻式十字板剪切试验。

十字板剪切试验适用于原位测定饱和软黏土的抗剪强度,所测得的抗剪强度值,相当于试验深度处天然土层在原位压力下固结的不排水抗剪强度。由于十字板剪切试验不需要采取土样,避免了土样扰动,不改变土的天然应力状态,因此是一种有效的现场测定土的不排水强度试验方法。十字板剪切试验在我国沿海软土地区被广泛使用。它适用于灵敏度 $S_t = 10$、固结系数 $c_v \leqslant 100 \ m^2/a$ 的均质饱和软黏土,试验深度一般不大于30 m。对于不均匀土层,特别是夹有薄层粉细砂或粉土的软黏土,十字板剪切试验会有较大的误差,应谨慎使用。

6.1 试验设备

十字板剪切试验所需仪器设备包括十字板头、轴杆、贯入仪、量测与记录仪和标定设备。机械式和电测式十字板剪切仪所使用的设备稍有不同。机械式十字板剪切试验需要用钻机预成孔,因此需要钻机配合作业,成孔后再将十字板头压入至孔底以下一定深度进行试验;电测式十字板剪切试验可采用静力触探贯入仪(如手摇链条式贯入仪)将十字板头压入到指定深度进行试验,不需要预先钻孔。

1. 十字板头

十字板采用不锈钢整体锻造,在横断面上呈"十字"形。十字板在土中剪切形成圆柱状剪切面,高径比(H/D)为2。图 6-1是国内常用的十字板,其技术规格如表 6-1所示。

图 6-1 十字板头

表 6-1　国内常用十字板规格

型号	板高 H/mm	板宽 D/mm	板厚 T/mm	板下端刃角 α/(°)	高宽比 H/D	厚宽比 D/t	面积比 A_r/%
I	100	50	2	60	2	0.04	≤14
II	150	75	3	60	2	0.04	≤13

对于不同的土类应选用不同尺寸的十字板头,一般在软黏土中,选择 75 mm×150 mm 的十字板仪较为合适,在稍硬土中可用 50 mm×100 mm 的十字板。

2. 轴杆

一般使用的轴杆直径为 20 mm,平直且有足够的刚度。试验中用于前 5 m 的轴杆,其弯曲度不应大于 0.05%,后续轴杆弯曲度不应大于 0.1%。对于机械式十字板仪,轴杆通过离合式或牙嵌式与十字板头连接;对于电测式十字板仪,则通过带传感器的扭力柱与十字板联结。

3. 贯入仪

可采用静力触探贯入装置将十字板压入到指定试验深度,可以是电动机械式、液压式贯入仪,也可用手摇链条式贯入仪(图 6-2)。电动机械式和液压式静力触探机推力大,应用范围广,目前尤以液压式贯入主机最为常见。手摇链条式静探贯入仪具有结构轻巧、操作简单、不用交流电、易于安装和搬运等特点,在交通不便及无法通电的地区优势明显。

图 6-2　手摇式贯入仪

4. 测量与记录装置

对于机械式十字板仪,需用开口钢环测力装置,人工读数并记录;而电测十字板则采用电阻应变式测力装置,自动显示并配备相应的记录仪。

6.2　试验技术要点与操作步骤

6.2.1　试验技术要点

为了减少对原状土体的扰动,使测试结果更接近实际,十字板剪切试验应满足以下技术要求。

（1）在进行试验之前,无论是电测十字板的扭力传感器还是机械式的开口钢环,应按规定的方法和程序进行标定。不得使用没有经过标定或标定过期的测力装置。

（2）对于机械式十字板剪切试验,钻机开孔前应调平机座,并经过水准尺校准;应采用回转干钻工艺,并套管跟进;试验前应清孔,孔底残渣厚度不应大于 100 mm。

（3）在进行预钻式十字板剪切试验时,十字板头插入孔底以下的深度不应小于 3～5 倍钻孔直径,以保证十字板能在未扰动土中进行剪切试验。

（4）十字板头插入土中试验深度后,应至少静止 2～3 min,方可开始剪切试验;试验时的扭剪速率宜采用（1°～2°）/10 s,测记每扭转 1° 的扭矩,当扭矩出现峰值或稳定值后,要继续测读 1 min,以便确认峰值或稳定扭矩。

（5）在峰值强度或稳定值测试完毕后,如需要测试扰动土的不排水强度,则应使土体完全扰动,顺时针方向连续转动探杆 6 圈后,再测定重塑土的不排水强度。

（6）对于机械式十字板剪切试验,应通过离合装置,单独测定轴杆与土之间的摩擦阻力,以便对测试结果进行修正。

（7）在额定荷载下,电测十字板的扭力传感器的总误差不应大于 3% FS,其中重复性误差、非线性误差、滞后误差和归零误差均应小于 1% FS。电测十字板的记录仪的时飘应小于 0.1% FS/h,温飘应小于 0.1% FS/℃,有效最小分度值应小于 0.06% FS。机械式十字板的钢环测力计的精度要求与电测十字板的扭力传感器的相同,所使用的量表和刻度盘的读数误差应小于 1% FS。

6.2.2　试验操作步骤

由于电测式十字板剪切试验不需要预钻孔,效率高,目前已普遍采用。因此,这里以电测十字板剪切试验叙述试验的操作步骤。

1. 试验前的准备工作

（1）确定试验点位后,平整场地并清除有碍贯入的杂填物;应根据已有钻探或静探试验成果确定试验点位（深度）;试验点竖向间距一般为 1.0 m。

（2）检查包括贯入仪、轴杆（尤其是接头）等在内的试验设备,根据预计的试验深度,准备足够长度的轴杆。将电缆按接头顺序穿入轴杆。

（3）进行十字板扭力传感器的标定。标定时,将十字板固定在率定机（图 6-3）上,逐级施加荷载（扭矩）,用自动记录仪测量对应的扭矩值;然后逐级卸荷,并记录扭矩值。如此进行 3 次加、卸荷过程,相同荷载下的扭矩值应基本相同,荷载-扭矩呈线性关系,且每次卸荷完毕立即回零,表明

图 6-3　电测十字板率定机

十字板头合格,满足测试要求。标定完成后计算十字板常数。

2. 贯入仪就位和量测单元连接

(1)将地锚对称地设置在试验点位两侧,地锚数量应满足最大试验深度的反力需求;使贯入仪就位,对贯入仪调平,并进行水准校正后,锁定贯入仪和地锚。

(2)试验点位开孔,将带电缆的轴杆从上往下从十字板剪切装置和贯入仪卡孔穿过,下端与十字板扭力传感器的电缆连接好,上端与量测记录仪相连。将轴杆与扭力柱通过螺纹口连接,然后将十字板头放入试验点位。

(3)利用贯入仪将十字板头贯入土层 0.5 m 后,静置,直到记录仪读数不变后调零,消除十字板头与土层之间的温差。

3. 测试

(1)正式贯入十字板头,直到预定的试验深度,静止 2～3 min;将剪切装置上的夹持器拧紧,或采用其他措施锁定轴杆接头。

(2)按顺时针方向缓慢施加扭转力矩,扭剪速率满足(1°～2°)/10 s 的要求;十字板头每扭转 1°应侧记一次显示器读数,直至出现峰值读数或稳定值后,再继续测读 1 min。

(3)用管钳卡牢探杆,顺时针转动 6 圈,然后按测试原状土相同的方法,测记重塑土的相应读数。

(4)测试完毕,接长轴杆,继续贯入至下一个试验深度,重复上述测试步骤。在一个试验孔内连续测试时,需记录每个试验点的初读数,记录仪不再调零。

4. 收尾工作

一个试验孔内的试验全部结束,将十字板头拔出地面,及时记录记录仪的不归零读数。对十字板进行清洗,检查是否有损伤变形。如果一个工程现场的试验全部结束或当天的试验已结束,应将十字板头和读数仪从探杆上的电缆卸下,装箱妥善保存。

6.3 试验资料整理与分析

1. 修正原始数据

当某个试验点的初读数不为零,无论是原状土测试还是重塑土测试,均可采用如下方法对原始测试数据进行修正。

$$R'_y = R_y - R_{y0} \tag{6-1}$$

$$R'_c = R_c - R_{c0} \tag{6-2}$$

式中　R'_y，R'_c——未扰动土和重塑土剪损时最大微应变修正值(μe);

R_y，R_c——未扰动土和重塑土剪损时最大微应变测试值(μe)；

R_{y0}，R_{c0}——未扰动土和重塑土对应试验点的记录仪初读数(μe)。

2. 计算原状土和重塑土的不排水抗剪强度及土的灵敏度

根据式(6-3)、式(6-4)、式(6-5)计算原状土和重塑工的不排水抗剪强度及土的灵敏度。

$$c_u = K \cdot \xi \cdot R'_y \tag{6-3}$$

$$c'_u = K \cdot \xi \cdot R'_c \tag{6-4}$$

$$S_t = \frac{c_u}{c'_u} \tag{6-5}$$

式中 c_u，c'_u——土的不排水强度和重塑土的不排水抗剪强度(kPa)；

K——十字板常数(m^{-2})；

ξ——电阻应变式十字板传感器的率定系数($kN/\mu e$)；

R'_y，R'_c——未扰动土和重塑土剪损时最大微应变修正值(μe)；

S_t——土的灵敏度。

3. 展示试验成果

绘制土的不排水抗剪强度、重塑土抗剪强度和土的灵敏度随深度的变化曲线，根据需要还可绘制各试验点(深度)剪切面上平均剪应力与扭转角的关系曲线(图6-4)。

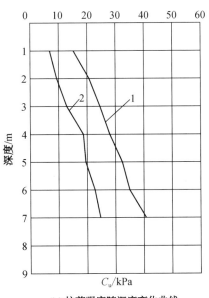

(a) 抗剪强度随深度变化曲线　　　　　　(b) 抗剪强度与转角关系曲线

图6-4 十字板剪切试验成果曲线

在应用十字板剪切试验成果时,可依据地区经验和土层条件,对实测的土的不排水抗剪强度进行必要的修正。基于饱和软黏土的十字板剪切试验结果,可用于天然地基承载力评定、边坡的稳定性分析和土的固结历史评价。

本章训练题

利用附录 B5 提供的十字板剪切试验资料(附表 B5-1),绘制土的不排水抗剪强度、重塑土抗剪强度和土的灵敏度随深度的变化曲线。

第 7 章

动 力 触 探 试 验

圆锥动力触探试验是利用一定的锤击能量,将一定规格的圆锥探头打入土中,根据打入土中的难易程度(贯入规定深度的锤击数或贯入阻力)来判别土的性质的一种现场测试方法。

圆锥动力触探按锤击能量的不同,分为轻型、重型和超重型三种,在工程实践中,应根据的土层类型和试验土层的坚硬与密实程度,来选择不同类型的试验设备。圆锥动力触探设备相对简单,操作方便,适应性广,并有连续贯入的特性,但试验误差较大,再现性较差。

圆锥动力触探试验适应性强,在碎石土、填土评价中的应用广泛。

7.1 试验设备

圆锥动力触探试验的设备包括圆锥探头、落锤、探杆以及与落锤配套的锤垫和导向杆,轻型、重型和超重型动力触探的规格和适用土类如表 7-1 所示。

表 7-1 圆锥动力触探的类型及规格

类型		轻型	重型	超重型
探头规格	直径/mm	40	74	74
	截面积/cm²	12.6	43	43
	锥角/(°)	60	60	60
落锤	锤质量/kg	10	63.5	120
	落距/cm	50	76	100
探杆直径/mm		25	42、50	50
试验指标		贯入 30 cm 击数 N_{10}	贯入 10 cm 击数 $N_{63.5}$	贯入 10 cm 击数 N_{120}
主要适用土类		浅部填土、砂土、粉土和黏性土	砂土、中密以下的碎石土和极软岩	密实和很密的碎石土、极软岩、软岩

1）圆锥探头

动力触探探头是呈圆锥形的实心探头，采用 45 号碳素钢或更优的碳素钢材制成，表面淬火后硬度 HRC 达到 45～50。轻型动力触探探头的外形尺寸如图 7-1 所示，重型和超重型探头尺寸如图 7-2 所示。

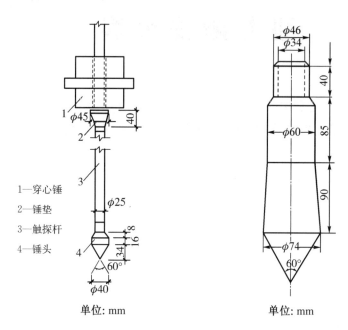

1—穿心锤
2—锤垫
3—触探杆
4—锤头

单位: mm　　　　　单位: mm

图 7-1　轻型动力触探探头外形尺寸　图 7-2　重型、超重型动力触探探头外形尺寸

2）穿心锤

穿心锤一般呈圆柱形，高径比为 1∶1 或 1∶2。穿心孔的直径应比导向杆直径略大 3～4 mm。不同级别动力触探的穿心锤如图 7-3 所示。

3）探杆

与标准贯入试验类似，探杆时传递锤击能量至探头的媒介。探杆和探杆接头均采用耐疲劳高强度钢材制成，尺寸应满足表 7-1 中各种类型探杆外径的要求。探杆接头外径应与探杆外径相同。

4）锤垫和导向杆

锤垫的直径应小于穿心锤外径的 1/2，并大于 100 mm；导向杆长度应满足穿心锤落距的要求。

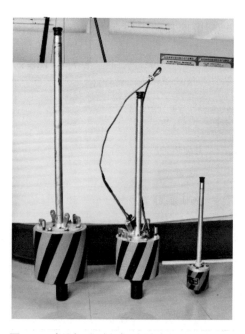

图 7-3　轻型、重型和超重型动力触探穿心锤

不同级别的动力触探设备构成基本相同,但探头尺寸、锤重、落距等有一定的差别。轻型动力触探采用人工落锤方式,而重型和超重型动力触探应采用自动落锤方式,与钻机配合作业。

7.2　试验技术要点与操作步骤

7.2.1　试验技术要点

进行圆锥动力触探试验,应符合如下技术要求。

(1)重型、超重型动力触探应采用自动脱钩的自由落锤方式进行。

(2)进行试验时,应使钻杆保持垂直,探杆的偏斜度不应超过2%,重锤沿导杆自由下落,锤击频率为15～30击/min。

(3)在试验过程中,每贯入1 m,宜将探杆转动一圈半;当贯入深度超过10 m,每贯入20 cm宜转动探杆一次,以减少探杆与土层的摩阻力。

(4)对轻型动力触探,当$N_{10} > 100$或贯入15 cm的锤击数超过50击,可终止试验;对于重型动力触探,当连续三次$N_{63.5}$大于50时,可停止试验,或改用超重型动力触探进行试验。

(5)重型或超重型动力触探试验可在钻孔中分段进行。一般可先进行贯入试验,然后钻孔至动力触探所及深度以上1 m处,取出钻具将触探器放入孔内再进行贯入试验。在预钻孔内进行动力触探试验时,当钻孔直径大于90 mm,孔深大于3 m,当10 cm实测击数大于8击时,可下直径不大于90 mm的套管,以减小探杆径向晃动。

(6)进行动力触探试验时,锤垫距孔口的高度不宜超过1.5 m。

7.2.2　试验操作步骤

进行试验之前,应对机具设备进行检查,确认各部正常后才能开始工作。试验平台应安装稳固,试验时设备不得偏移。

1. 轻型动力触探

轻型动力触探采用人工落锤法进行锤击,可参考如下步骤进行。

(1)确定试验点位,按顺序将探头、探杆、导向杆连同锤垫和穿心锤组装,垂直测试土层(贯入器和穿心锋如图3-2所示),按30 cm间距在探杆上做好标记。如果表层或浅层存在障碍物,应先开挖清楚。

(2)两人配合操作,保持探头、探杆竖直的前提下,双手提起穿心锤50 cm高度,两手横向滑移与穿心锤脱离(不得上抛或下扔穿心锤),使锤自由落下。

（3）按规定频率进行连续锤击，记录贯入 30 cm 的锤击数作为 N_{10}。试验中，每贯入 30 cm，宜将探杆连同探头转动一圈半。

（4）如遇密实坚硬土层，当贯入 30 cm 的锤击数超过 100 击或贯入 15 cm 的击数超过 50 击时，即可停止试验。如需对下卧土层进行试验时，可用钻具穿透坚实土层后再进行贯入试验。

2. 重型、超重型动力触探

对于重型或超重型动力触探试验，应采用自动脱钩的落锤方法，可按如下步骤进行试验。

（1）确定试验点位，按正常的钻探程序，先钻进至需要进行动力贯入试验位置的土层标高处；当孔壁不稳定时，采用泥浆护壁；必要时采用套管护壁，套管底端应至少高出试验点 75 cm。试验前将触探架安装平稳，触探杆应保持平直，连接牢固。如果从地表开始试验，则无须钻进。

（2）提出钻具，换用动力触探探头。将探头连同探杆一起放入孔中至孔底，避免对孔底的冲击。将穿心锤连同锤垫和导向杆（作为整体，一般不拆卸）与探杆连接。使探头和探杆保持垂直，垂直度的最大偏差不得超过 2%。

（3）操作钻机上的卷扬机提升穿心锤（重型落距 76 cm；超重型落距 100 cm），采用自动脱钩的自由锤击法进行连续锤击，锤击时，应使穿心锤自由下落。地面上的触探杆的高度不宜过高，以免倾斜与摆动太大。锤击速率宜为 15～20 击/min。试验的贯入过程应尽可能连续，所有超过 5 min 的间断都应在记录中予以注明。

（4）记录每贯入 10 cm 的锤击数作为重型动力触探击数 $N_{63.5}$ 或超重型动力触探击数 N_{120}。记录格式和内容可参见附录 1：圆锥动力触探试验记录表。

（5）达到预定试验深度（土层），即可终止试验。取出、清洗、检查探头和探杆，妥为保存。

7.3　试验资料整理与分析

7.3.1　试验影响因素及测试结果修正

影响动力触探的因素很复杂，这些因素包括人为因素、设备因素和一些地层条件的影响。人为因素和设备因素应通过操作方法的标准化和设备规格的定型化加以控制，如机具设备、落锤方式等。但有些因素，如杆长、地下水、侧壁摩擦、上覆压力等，则在试验时是难以控制的，有充分依据的情况下，可对测试结果加以修正。

1. 杆长修正

对杆长的影响,存在不同的看法,我国各个领域的规范或规程也不存在统一的规定。在应用圆锥动力触探试验成果时,应根据建立岩土参数与动力触探指标之间的经验关系式时的具体条件,决定是否对试验指标进行杆长修正。

当需要进行杆长修正时,对于重型和超重型动力触探,分别采用式(7-1)和式(7-2)对实测锤击数进行修正。

表 7-2 和表 7-3 分别给出了重型和超重型动力触探试验的杆长修正系数 α_1 和 α_2。

$$N_{63.5} = \alpha_1 \cdot N'_{63.5} \tag{7-1}$$

式中 $N_{63.5}$——经修正后的重型圆锥动力触探锤击数;

$N'_{63.5}$——实测重型圆锥动力触探锤击数。

$$N_{120} = \alpha_2 \cdot N'_{120} \tag{7-2}$$

式中 N_{120}——经修正后的超重型圆锥动力触探锤击数;

N'_{120}——实测超重型圆锥动力触探锤击数。

表 7-2 重型圆锥动力触探锤击数修正系数 α_1

杆长/m	$N'_{63.5}$								
	5	10	15	20	25	30	35	40	≥50
≤2	1.0	1.0	1.0	1.0	1.0	1.0	1.0	1.0	1.0
4	0.98	0.95	0.93	0.92	0.9	0.89	0.87	0.85	0.84
6	0.93	0.90	0.88	0.85	0.86	0.81	0.79	0.78	0.75
8	0.90	0.86	0.88	0.8	0.77	0.75	0.73	0.71	0.67
10	0.88	0.83	0.79	0.75	0.72	0.69	0.67	0.64	0.61
12	0.85	0.79	0.75	0.70	0.67	0.64	0.61	0.59	0.55
14	0.82	0.76	0.71	0.66	0.62	0.58	0.56	0.53	0.50
16	0.79	0.72	0.67	0.62	0.57	0.54	0.51	0.48	0.45
18	0.77	0.70	0.63	0.57	0.53	0.49	0.46	0.43	0.40
20	0.75	0.67	0.59	0.53	0.48	0.44	0.41	0.39	0.36

表 7-3　超重型圆锥动力触探锤击数修正系数 α_2

杆长/m	N'_{120}											
	1	2	3	7	9	10	15	20	25	30	35	40
1	1	1	1	1	1	1	1	1	1	1	1	1
2	0.96	0.92	0.91	0.91	0.90	0.90	0.90	0.89	0.88	0.88	0.88	0.88
3	0.94	0.88	0.85	0.85	0.85	0.84	0.84	0.83	0.82	0.82	0.81	0.81
5	0.92	0.82	0.79	0.78	0.77	0.77	0.76	0.75	0.74	0.73	0.73	0.72
7	0.90	0.78	0.75	0.74	0.73	0.72	0.71	0.70	0.69	0.68	0.67	0.66
9	0.88	0.75	0.72	0.70	0.69	0.68	0.67	0.66	0.64	0.63	0.62	0.62
11	0.87	0.73	0.69	0.67	0.66	0.66	0.64	0.62	0.61	0.60	0.59	0.58
13	0.86	0.71	0.67	0.65	0.63	0.63	0.61	0.60	0.58	0.57	0.58	0.55
15	0.86	0.69	0.65	0.63	0.62	0.61	0.59	0.58	0.56	0.55	0.54	0.53
17	0.85	0.68	0.63	0.61	0.60	0.60	0.57	0.56	0.54	0.53	0.52	0.50
19	0.84	0.66	0.62	0.60	0.59	0.58	0.56	0.54	0.52	0.51	0.50	0.49

2. 地下水的影响与修正

根据《工程地质手册(第四版)》,动力触探锤击数应考虑地下水的影响。对于地下水位以下的中、粗、砾砂和圆砾、卵石,重型动力触探锤击数按式(7-3)修正。

$$N_{63.5} = 1.1N'_{63.5} + 1.0 \tag{7-3}$$

7.3.2　试验资料的整理

根据国家或行业标准,目前存在对圆锥动力触探试验结果(实测锤击数)进行和不进行修正两种作法。但无论是采用实测值还是修正值,资料整理方法相同。

1. 绘制动力触探曲线

如图 7-3 所示,以重型动力触探的实测锤击数或经杆长校正后的锤击数为横坐标,贯入深度为纵坐标绘制 $N_{63.5}$-h(或 $N'_{63.5}$-h)曲线图。对轻型动力触探按每贯入 30 cm 的击数绘制 N_{10}-h 曲线,超重型动力触探每贯入 10 cm 的锤击数绘制 N_{120}-h(或 N'_{120}-h)曲线。

2. 划分土层界线

由于动力触探不能取样鉴别,因此,在应用动力触探试验资料对地基土进行力学分层时,应与勘察场地的工程地质钻探资料相结合。力学分层的原则如下:土层界限的划分

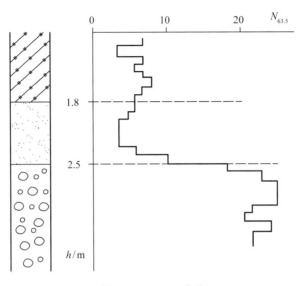

图 7-3　$N_{63.5}$–h 曲线

要考虑动贯入阻力在土层变化附近的"超前"反应。当探头从软层进入硬层或从硬层进入软层,均有"超前"反应。反应的范围约为探头直径的 2～3 倍。因此,在划分土层时,当由软层进入硬层时,分层界线可选在软层最后一个小值点以下 2～3 倍探头直径处;由硬层进入软层时,分层界线可定在软层第一个小值点以上 2～3 倍探头直径处。

3. 各土层动贯入锤击数的统计计算

首先按单孔统计各土层的动贯入指标平均值(平均锤击数),统计时,应剔除个别异常点,且不包括"超前"和"滞后"范围的测试点。然后根据各孔分层贯入指标平均值,用厚度加权平均法计算试验场地的分层贯入指标平均值和变异系数。以每层土的贯入指标加权平均值,作为分析研究土层工程性能的依据。

根据圆锥动力触探试验成果和地区经验,可以对砂土、碎石土的密实状态进行评定,估算强度、压缩模量等土层参数及地层的承载力,还可用于查明土洞、滑动面和软弱土层界面位置,以及地基加固效果的评价。

第8章

扁铲侧胀试验

扁铲侧胀试验一般是利用准静力将一扁平铲形测头压（贯）入土中，达到预定试验深度后，利用气压使扁铲探头上的钢膜片侧向膨胀，分别测定膜片中心侧向膨胀不同距离（分别为 0.05 mm 和 1.10 mm）时的气压值，根据测得的压力与变形之间的关系，获得地基土参数、评定地基土工程特性的一种现场试验。

扁铲侧胀试验能够比较准确地反映小应变条件下土的应力应变关系，测试成果的重复性比较好。适用于软土、一般黏性土、粉土、黄土和松散～中密的砂土。一般在软弱、松散土中适宜性好，而随着土的坚硬程度或密实程度的增加，适宜性较差。与其他的原位测试技术一样，将扁铲侧胀试验应用于新的土类或新的地区时，应在通过对比研究，建立适合于研究对象的扁铲侧胀试验测试指标与土性参数之间的经验关系式或半经验半理论关系式，不宜照搬、套用现成的公式。

8.1 试验设备

扁铲侧胀试验的设备构成如图 8-1 所示，包括扁铲、贯入设备、轴杆、测控箱、气电管路和气压源。

1. 扁铲测头

扁铲是扁铲侧胀试验特有的核心部件，如图 8-2(a)所示，从外观上看，呈扁平铲形，下端带有刃口，在扁铲的一侧装有一个圆形钢膜片。

扁铲［图 8 - 2（b）］长 230 ～ 240 mm，宽 94 ～ 96 mm，厚 14 ～ 16 mm；扁铲所具有的楔形底端，前缘刃角 12°～16°，利于贯穿土层。圆形

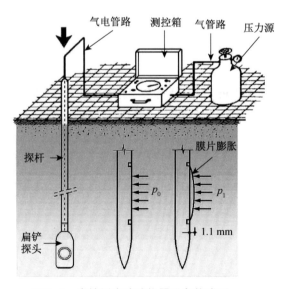

图 8-1 扁铲侧胀试验仪器设备构成图

钢膜片固定在扁铲一个侧面上，直径为 60 mm，正常厚度为 0.20 mm。

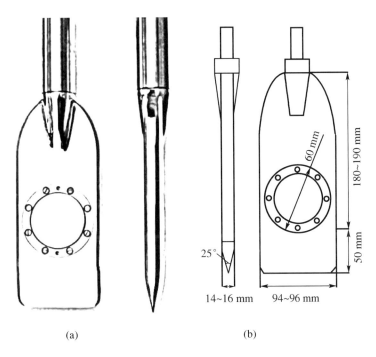

(a)　　　　　　　　(b)

图 8-2　扁铲测头及其尺寸

扁铲的内部结构设计精巧，如图 8-3 所示。其工作原理是电路的闭合与断开，并采用蜂鸣声提示操作人员读数。

在扁铲贯入土层的过程中，由于受到外部土压力作用，钢膜片紧贴在金属基座上，电路闭合，蜂鸣器一直作响。在进行测试时，通过测控箱操作，通过气电管路充气使膜片膨胀，当膜片鼓胀离开基座 0.05mm 时，电路断开，蜂鸣器停止作响，此时的气压值叫作 A 读数；继续充气加压，膜片继续侧胀，当膜片中心距离基座 1.10 mm 时，钢柱在弹簧作用下顶上金属基座，电路再次闭合，蜂鸣器再次作响，此时的气压值成为 B 读数。在测读 B 读数后，通过操控箱上的气压调控器释放气压，使钢膜片在外部土（水）压力作用下缓慢回缩，膜片中心距离基座

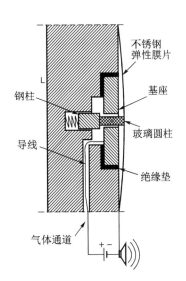

图 8-3　扁铲的内部结构示意图

0.05 mm 时，蜂鸣器又发出响声，此时的气压值记为 C 读数。

2. 测控箱和记录仪

测控箱是一个试验操控平台,如图 8-4(a)所示。通过操作其上的充气阀门和排气阀门控制旋钮,可实现对扁铲充气和排气,其中排气阀门有两个,分别实现快速和慢速排气,以利于精确测量。测控箱上的气压度盘可以显示充气后扁铲内的气压大小,帮助进行试验读数和手动记录。测控箱上的外接借口用于连接气电管路、外部气压源,红色显示器和蜂鸣器提醒测试人员及时读数。

目前,市场上使用的扁铲侧胀仪一般都带有自动记录仪,如图 8-4(b)所示,并与专用扁铲侧胀试验数据处理软件结合,使试验结果的整理分析更加方便。

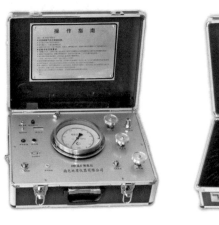 

(a) 测控箱 (b) 记录仪与扁铲

图 8-4 扁铲试验测控箱与记录仪

3. 气电管路

气电管路是扁铲侧胀试验中特有的部件,是一种小直径、厚壁、耐高压、内穿铜质导线的尼龙管。正如其名,既可以通气,又可以导电。

4. 气压源

扁铲侧胀试验采用高压惰性气体钢瓶作为气压源,一般是干燥的高压氮气。试验时,需根据试验点数和地层条件预估耗气量。耗气量随土质密度和管路的增长而增加。

5. 贯入设备

贯入设备是将扁铲贯入土层预定试验深度的设备。在一般土层中,普遍采用静力触探贯入主机,而在较坚硬的黏性土或较密实的砂层中,可采用标准贯入试验极具作为贯入设备。

8.2　试验技术要点与操作步骤

8.2.1　试验技术要点

1. 膜片标定及标定值

钢膜片的标定就是为了克服膜片本身的刚度对试验结果的影响,标定应在试验前和试验后各进行一次,并检查前后两次标定值的差别,以判断试验结果的可靠性。

自由状态下膜片的位置处于 A,B 之间的某个位置(即介于距离基座 $0.05 \sim 1.10$ mm),如图 8-5 所示。ΔA 是采用率定气压计对扁铲抽真空,使膜片从自由位置回缩到距离基座 0.05 mm(A 位置)时所对应的压力值(应该是吸力);而 ΔB 是通过对扁铲测头充气加压,使膜片从自由位置侧胀到 B 位置时对应的气压值。

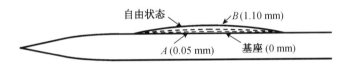

图 8-5　膜片在不同状态的位置

钢膜片标定时,首先关闭排气阀,用率定气压计对扁铲抽气,膜片在大气压力作用下从自然位置移向基座,待蜂鸣声响起(此时膜片离基座小于 0.05 mm)停止抽气;缓慢加压直到蜂鸣声停止时(膜片离基座为 0.05 mm± 0.02 mm)记下测控箱的读数,即为 ΔA。而后,继续对扁铲探头施加压力,直到蜂鸣器再次响起(膜片离基座为 1.10 mm± 0.03 mm)时的气压值即为 ΔB。抽气和加压均应缓慢进行。

ΔA,ΔB 值应在合理范围内:一般 ΔA 在 $5 \sim 25$ kPa 之间,理想值为 15 kPa ;ΔB 在 $10 \sim 110$ kPa 之间,理想值为 40 kPa。若 ΔA,ΔB 不在该范围内,则此膜片需要对膜片进行老化处理。老化时,利用标定气压计对新膜片缓慢加压至 300 kPa(如蜂鸣器未响,应继续加压)后,记录下 ΔB 值,排气降压至零;如此反复数次,观察 ΔB 是否落在允许范围之内。若 ΔB 的值仍偏高,可采用逐级增大老化气压,增量宜为 50 kPa,重复前述老化过程,直到 ΔB 值降到允许范围之内。老化最大压力不应超过 600 kPa。

2. 扁铲测试

(1) 扁铲的贯入速度应控制在 2 cm/s 左右,试验点的间距可取 $20 \sim 50$ cm。

(2) 加压速率对试验的结果有一定影响,应将加压速率控制在一定范围内。到达试验深度后,应均匀加压和减压,压力从 0 到 A 读数应控制在 15 s 之内测得,而 B 读数应在 A 读数后的 $15 \sim 20$ s 之间获得,C 读数在 B 读数后约 1 min 获得。这个速率是在气电管路为 25 m 长的加压速率,对大于 25 m 的气电管路可适当延长。

（3）在试验过程中应注意校核差值 $(B-A)$ 是否出现 $B-A < \Delta A + \Delta B$,如果出现,应停止试验,检查原因,是否需要更换膜片。

3. 消散试验

（1）进行 DMT-A 消散试验,试验过程中只测读 A 读数,膜片并不扩张到 B 位置处。

（2）将扁铲测头贯入到试验深度,读取 A 读数并记下所需时间 t,立即释放压力回零。之后分别在时间间隔 1 min、2 min、4 min、8 min、15 min、30 min、90 min 测读一次 A 读数,以后每 90 min 测读一次 A 读数,直至消散试验结束。

8.2.2　试验操作步骤

1. 试验前准备工作

（1）采用静力触探贯入主机压入扁铲测头时,与静力触探类似,需事先将气电管路按轴杆连接顺序穿入轴杆,在贯穿时,要拉直管路,让轴杆一根根沿管路滑行穿过为好,减小管路的绞扭和弯伤。应根据试验深度准备足够的轴杆数量和气电管路长度。

（2）扁铲膜片的率定,按上述膜片率定方法获得 ΔA 值和 ΔB 值。ΔA,ΔB 值应在合理的范围内,否则需对钢膜片进行老化处理,或更换膜片。

（3）仪器设备检查,通过气电管路将扁铲测头与测控箱连接好,用手轻压膜片中心,若蜂鸣器响则说明电路是连通的。另外,认为必要时,在测试之前应检查扁铲测头的密封性,方法是将扁铲完全没于水中,通过气电管路对其加压至 500 kPa,如果有气泡冒出,说明密封性存在问题。检查气压源,估算气压源(钢瓶气体)是否满足测试需求。

（4）设备连接,气电管路一端连接扁铲,另一端插入测控箱对应插孔内;将气压源通过减压阀和气压管插入测控箱充气插孔,通过螺丝锁紧;将地线接到测控箱的地线插座上,另一端夹到探杆或压机的机座上。再次检查电路是否连同,若一切正常,可以开始试验工作。

2. 扁铲测试过程

（1）操作静探贯入主机,将扁铲以 2 cm/s 左右的贯入速率压入土层,在贯入过程中,排气阀始终是打开的,操控箱上的蜂鸣器应该是一直作响。

（2）当扁铲达预定深度后(试验深度应以膜片中心为参考点),关闭排气阀,缓慢打开微调阀充气加压,当蜂鸣声停止的瞬间记下气压值,作为 A 读数;继续缓慢均匀加压,直至蜂鸣器再次作响时,记下气压值,作为 B 读数。

（3）如果不测记 C 读数,应立即打开排气阀,关上微调阀以防止膜片过分膨胀而损坏膜片;如果需要测记 C 读数,则打开微排气阀(而非打开排气阀),使扁铲内的气压缓慢下降,直至蜂鸣声停止后再次响起(膜片离基座为 0.05 mm)时,记下此时的气压值作为 C

读数。

（4）继续贯入，将扁铲压入至下一个试验点（一般试验点的深度间隔为 $200\sim$ $500\,mm$），重复（2）、（3）的测试操作。以此类推，直至最后一个测试点。

（5）试验结束后，立即提升轴杆，从土中取出扁铲，清洗检查，并对扁铲膜片重新进行率定，确定试验后的 ΔA，ΔB 值。ΔA，ΔB 应在许用范围内，并且试验前后 ΔA，ΔB 值相差不能超过 $25\,kPa$，否则试验的数据不能使用。

3. 消散试验

消散试验应选择在排水不畅的黏性土层中开展，DMT-A 消散试验可按如下步骤进行。测试过程中只测记 A 读数，不需要使膜片侧胀至 B 读数位置。

（1）按正常操作程序将扁铲压入到消散试验深度，先读取 A 读数并记下所需时间 t，立即释放压力回零；然后，按试验技术要求中的消散试验读数时间间隔分别测记一次 A 读数。

（2）现场在半对数纸上绘制 $A\text{-}\log t$ 曲线如图 8-6 所示，曲线的形状通常为 S 形，当曲线的第二个拐点出现后，可停止试验。

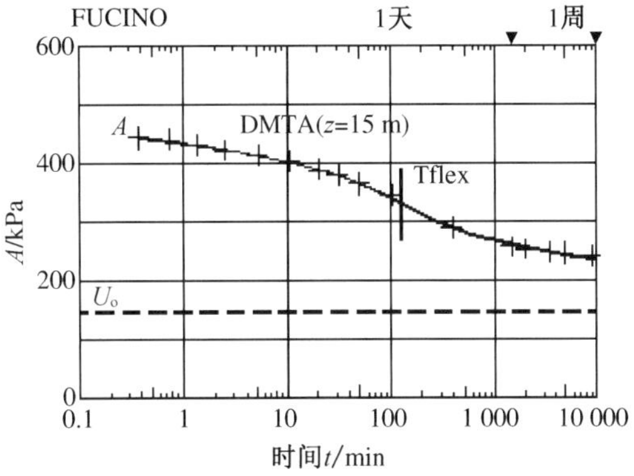

图 8-6　消散试验的 $A\text{-}\log t$ 曲线

4. 试验中的注意事项

（1）试验中随时校核 $B-A\geqslant\Delta A+\Delta B$ 是否成立。若出现 $B-A\geqslant\Delta A+\Delta B$ 时，应停止试验，重新校核 ΔA 和 ΔB 值。

（2）若试验暂停，排气阀必须打开，以免持续加压损坏膜片；如果一个试验孔内的试验当天无法完成，也不应将测头留在地下土层过夜，避免扁铲测头进水而导致短路。

（3）在杂填土土层试验时，应采用实心扁铲开孔，以免杂填土中的硬物划伤扁铲上的膜片。

（4）试验完毕或试验中途，若需卸开气电管路接头，务必先打开排气阀，待管路内无压力时才能进行，以免伤害到操作人员。

8.3　试验资料整理与分析

1. 实测数据修正

利用扁铲膜片的 ΔA 和 ΔB 率定值，对现场实测的 A，B，C 读数进行修正，以求得膜片在不同位置时膜片与土之间的接触压力 p_0，p_1，p_2。

$$p_0 = 1.05(A - z_m + \Delta A) - 0.05(B - z_m - \Delta B) \tag{8-1}$$

$$p_1 = B - z_m - \Delta B \tag{8-2}$$

$$p_2 = C - z_m + \Delta A \tag{8-3}$$

式中　p_0——膜片向土中膨胀之前的接触压力（kPa）；

$\quad\quad$ p_1——膜片膨胀至 1.10 mm 时的压力（kPa）；

$\quad\quad$ p_2——膜片回到 0.05 mm 时的终止压力（kPa）；

$\quad\quad$ z_m——压力表零漂（kPa）。

2. 确定扁铲侧胀试验的中间参数

根据 p_0，p_1，p_2，计算扁铲侧胀试验中间指标：扁铲土性指数（Material Index）I_D、扁铲水平应力指数（Horizontal Stress Index）K_D、扁铲侧胀模量（Dilatometer Modulus）E_D 和侧胀孔压指数 U_D。

（1）扁铲土性指数 I_D

$$I_D = \frac{p_1 - p_0}{p_0 - u_0} \tag{8-4}$$

式中，u_0 为未贯入前试验深度处的静水压力（kPa）。

（2）水平应力指数 K_D

$$K_D = \frac{p_0 - u_0}{\sigma'_{v0}} \tag{8-5}$$

式中，σ'_{v0} 为未贯入前试验深度处的竖向有效压力（kPa）。

（3）扁铲侧胀模量 E_D

将 $E/(1 - \mu^2)$ 定义为扁铲模量 E_D，当 $s(0) = 1.10$ mm 时，可近似为

$$E_D = 34.7(p_1 - p_0) \tag{8-6}$$

由于扁铲侧胀模量 E_D 缺乏关于应力历史方面的信息，一般不能作为土性参数直接使用，而需要与 K_D，I_D 结合使用。

（4）侧胀孔压指数 U_D

$$U_D = (p_2 - u_0)/(p_0 - u_0) \tag{8-7}$$

计算各测试点（不同深度）的 I_D，K_D，E_D 和 U_D，列入表格，然后在同一张图上绘制各中间参数随深度的变化曲线，如图 8-7 所示。

根据扁铲侧胀试验结果和地区经验，可判别土类、黏性土的稠度状态，计算水平土压力系数和侧向基床系数等。如果在扁铲侧胀试验过程中进行了扁铲消散试验，还可以获

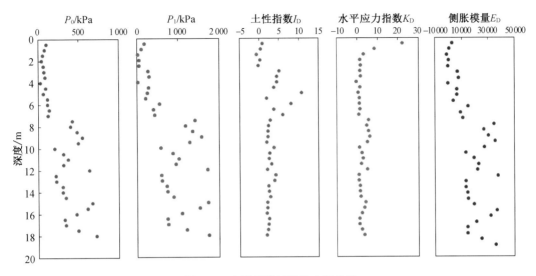

图 8-7　扁铲侧胀试验的中间参数

得黏性土的固结系数和渗透系数等。另外,通过不断积累经验,扁铲侧胀试验还能用来检验地基处理效果、进行地基土液化判别、计算天然地基的沉降、识别超固结土边坡的潜在滑动面等。

本章训练题

根据附录 B6 提供的扁铲侧胀试验资料(附表 B6-1),对测试结果进行修正,确定中间参数指标和扁铲模量 M_{DMT};绘制各指标沿深度的关系曲线。

第 9 章

旁 压 试 验

旁压试验是把圆柱形旁压器竖直置于土中,对旁压器充气加压使其径向扩张对周围土体施加压力,获得压力与径向位移之间关系的现场测试技术。根据压力与径向位移之间的关系获得地基土的强度、变形等工程性质,并根据理论研究成果和经验对地基土的工程特性进行评价。

按旁压器置入在土层中的方式,可分为预钻式旁压试验、自钻式旁压试验和压入式旁压试验。国内目前常用的是预钻式旁压试验,即采用钻探设备,事先在土层中钻进成孔,到达指定深度后再将旁压器放到孔内,进行旁压试验。

旁压试验方法简单、灵活,技术成熟,适用于黏性土、粉土、砂土、碎石土、极软岩和软岩等地层的测试。预钻式旁压试验的结果很大程度上取决于成孔的质量,常用于成孔性较好的地层。

9.1 试验设备

旁压试验所需的仪器设备主要由旁压器、变形量测系统、气压源及加压稳压装置等部分组成,如图 9-1 所示。

(1) 旁压器,又称旁压仪,是旁压试验的核心部件,用以对孔壁施加压力。它整体上呈圆柱形状,内部为中空的优质铜管,外层为特殊的弹性膜。根据试验土层的情况,旁压器外径上可以方便地安装橡胶保护套或金属保护套(金属铠),以保护弹性膜不直接与土层中的锋利物体接触,延长弹性膜的使用寿命。国内目前常用的旁压仪规格如表 9-1 所示。

表 9-1 旁压仪规格

型号		总长度/mm	中腔长度/mm	外径/mm	中腔体积/cm³	量管截面面积/cm²
PY₁-A		450	250	50	491	15.28
PY₂-A		680	200	60	565	13.20
GA GAₘ	AX	800	350	44	532	15.30
	BX	650	200	58	535	
	NX	650	200	70	790	

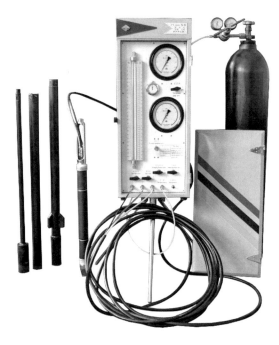

图 9-1　预钻式旁压试验仪器构成

（2）变形量测系统，由不锈钢储水筒、目测管、位移和压力传感器、显示记录仪、精密压力表、同轴导压管及阀门等组成。通过该系统，可向旁压器注水、加压，并测量、记录旁压器在压力作用下的径向位移，即土体的侧向变形。精密压力表和目测管是在自动记录仪有故障时应急使用。

（3）气压源及加压稳压装置，气压源一般采用高压氮气储气瓶，加压稳压装置包括精密调压阀、压力表及管路等组成，用以在试验过程中向土体分级加压，并在试验规定的时间内自动精确稳定各级压力。

9.2　试验技术要点与操作步骤

9.2.1　试验技术要点

1. 仪器标定

试验前，应按要求对仪器进行弹性膜（包括保护套）约束力标定和仪器综合变形标定。

（1）弹性膜约束力标定：由于弹性膜具有一定张拉模量和约束力，因而在试验时施加的压力并未完全传递给土体。通过标定以确定弹性膜在不同侧向位移时的约束力。一般规定，首次使用、放置时间较长的旁压器，或更换弹性膜时，均需进行弹性膜约束力标

69

定。当弹性膜多次使用后，也应进行约束力的校核。

标定时，将旁压器放置于地面，然后打开中腔和上、下腔阀门使其充水。当水充满旁压器并返回至规定刻度时，将旁压器中腔的中点位置放在与目测管水位相同的高度，记下初读数。随后，逐级加压，每级压力增量为 10 kPa，使弹性膜自由膨胀，量测每级压力下的目测管水位下降值，直至水位下降值接近 40 cm 时停止加压。根据记录，绘制压力与水位下降值的关系曲线，即弹性膜约束力标定曲线，如图 9-2 所示。

（2）仪器综合变形校正：旁压器的量管和导管在加压过程中均会产生变形，造成仪器系统内液体的体积损失，这种体积损失称为仪器综合变形。通过标定，可以确定不同压力下仪器综合变形值。一般的，在使用新的旁压仪，或加长或缩短导管时，都应进行综合变形校正。

校正时，将旁压器放入厚壁、刚性校正筒内，在满足侧限条件下给旁压器逐级加压，加压增量为 100 kPa，直到旁压器的额定压力为止（一般分 5 至 7 级）。每级压力下，观测时间与正式的旁压试验相同，测得压力与对应的体积变形（或水位下降）。根据所测的压力与体积变化量（水位下降值）绘制 p-V（p-S）关系曲线，一般呈直线，如图 9-3 所示。从中获得直线的斜率 $\Delta V/\Delta p$（$\Delta S/\Delta p$），即为仪器综合变形校正系数 a。

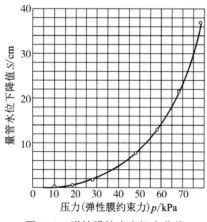

图 9-2　弹性膜约束力标定曲线

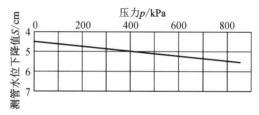

图 9-3　仪器综合变形校正曲线

2. 预钻成孔

（1）钻孔直径应与旁压器的直径相适应。针对不同性质的土层及深度，可选用与其相应的提土器或与其相适应的钻具钻进。对于钻孔孔壁稳定性差的土层宜采用泥浆护壁钻进。钻孔深度应以旁压器测试腔中点处为试验深度来确定。

（2）孔径根据土层情况和选用的旁压器外径确定，一般要求比所用旁压器外径大 2～3 mm 为宜，不应过大。预钻孔的孔壁要求垂直、光滑，孔形圆整，尽量减少对孔壁土体的扰动，且保持土层的天然含水量。

（3）旁压试验应在同一土层，试验点的垂直间距应根据地层条件和工程要求确定，但不宜小于 1 m,旁压试验孔与已有钻孔的水平距离不宜小于 1 m。试验钻孔中,取过土样或进行过标贯试验的孔段,不宜进行旁压试验。

3. 试验要点

（1）成孔后,应尽快进行试验。压力增量宜选取预估临塑压力 p_f 的 $1/7\sim1/5$,或参考表 9-2 确定。

表 9-2　旁压压力增量建议值

土的特性	压力增量/kPa	
	临塑压力前	临塑压力后
淤泥、淤泥质土、流塑状态黏性土、松散粉细砂	=15	=30
软塑状态黏性土、疏松黄土、稍密粉土、稍密粉细砂、稍密中粗砂	15～25	30～50
可塑-硬塑黏性土、一般性质黄土、中密-密实粉土、中密-密实粉细砂、中密中粗砂	25～50	50～100
硬塑-坚硬黏性土、密实粉土、密实中粗砂	50～100	100～200
中密-密实碎石土、极软岩	≥100	≥200
软质岩、强风化岩	200～500	≥500

（2）每级压力应在维持 1 min 或 2 min 后再施加下一级压力。维持 1 min 的,加荷后在 15 s、30 s 和 60 s 测记变形量;维持 2 min 的,在加荷后 15 s、30 s、60 s 和 120 s 测记变形量。

（3）终止试验条件:当试验结束,或在加压过程中测管水位下降接近最大值或水位急剧下降无法稳定时,应立即终止试验以防弹性膜胀破。

9.2.2　试验操作步骤

预钻式旁压试验,可按下列操作步骤进行。

1. 试验前准备工作

除了需要完成弹性膜约束力和仪器综合变形校正外,在正式试验前还需进行如下准备工作。

（1）试验前,平整试验场地,根据土的分类和状态选择适宜的钻头开孔,成孔过程中尽可能减少孔壁土体扰动。

（2）试验前,在水箱内注满蒸馏水或无杂质的冷开水,打开水箱安全盖。

（3）检查并接通管路,把旁压器的注水管和导压管的快速接头对号插入。

（4）把旁压器竖立于地面,打开水箱至量管辅管各管阀门,使水从水箱分别注入旁压器各个腔室并返回到量管和辅管。当量管和辅管水位升到刻度零或稍高于零,即可终止注水,关闭注水阀和中腔注水阀。

（5）把旁压器垂直提高,直到中腔的中点与量管零位相平。打开调零阀,并密切注意水位的变化,当水位下降到零刻度时立即关闭调零阀、量管阀和辅管阀,然后放下旁压器。

2. 试验操作

（1）采用合适的钻具,钻进至预定的试验深度,将旁压器放入钻孔中预定位置,试验深度以中腔中点为准。

（2）旁压器就位后,打开量管阀门,此时旁压器内产生静水压力,记录量管中的水位下降值。静水压力可按式（9-1）、式（9-2）计算。

$$无地下水时 \qquad p_w = (h_0 + Z)\gamma_w \qquad (9\text{-}1)$$

$$有地下水时 \qquad p_w = (h_0 + h_w)\gamma_w \qquad (9\text{-}2)$$

式中　p_w——静水压力（kPa）;

　　　h_0——量管水面距离孔口的高度（m）;

　　　Z——地面至旁压器中腔中点的距离（m）;

　　　h_w——地下水位深度（m）;

　　　γ_w——水的相对密度（kN/m³）。

（3）按照事先确定的压力增量和每级压力值给旁压器施加压力,各级压力下的相对稳定时间标准为 1 min 或 2 min。对一般黏性土、粉土和砂土宜采用 1 min,对饱和软黏土宜采用 2 min。按此时间间隔测记各级压力下量管的水位下降值。

试验终止条件应根据试验目的和旁压器的极限试验能力来确定。当以测定土体变形参数为目的时,试验压力过临塑压力后即可结束试验;当以测定土体强度参数为目的时,则当量测腔的扩张体积相当于量测腔固有体积时,或压力达到仪器的容许压力最大值时,应终止试验。

（4）一个试验深度的试验结束,给旁压器消压后,须等 2~3 min 后才能取出旁压器。尚需继续试验时,当试验深度小于 2 m 时,可迅速将调压阀按逆时针方向旋至最松位置,使所加压力为零;利用弹性膜的回弹,迫使旁压器内的水回流至测管;当水位接近"0"位时,取出旁压器。当试验深度大于 2 m 时,打开水箱盖,利用系统内的压力,使旁压器里的水回流至水箱备用;旋松调压阀,使系统压力为零,取出旁压器。对旁压器进行清洗,仔细检查。

（5）试验全部结束后,利用试验中当时系统内的压力将水排净后旋松调压阀。若准备较长时间不使用仪器时,须将仪器内部所有水排尽,并清洗、擦净外表,放置在阴凉、干燥处。

9.3　试验资料整理与分析

1. 试验资料修正

在试验资料整理时,应分别对各级压力和相应的扩张体积(或径向增量)进行弹性膜约束力和体积校正。

(1) 按式(9-3)进行约束力校正。

$$p = p_m + p_w - p_i \tag{9-3}$$

式中　p ——校正后的压力(kPa);

　　　p_m ——显示仪测记的该级压力的最后值(kPa);

　　　p_w ——静水压力(kPa),按式(9-1)和式(9-2)确定;

　　　p_i ——弹性膜约束力(kPa)。

(2) 按式(9-4)或式(9-5)进行体积(水位下降值)的校正。

$$V = V_m - \alpha(p_m + p_w) \tag{9-4}$$

$$S = S_m - \alpha(p_m + p_w) \tag{9-5}$$

式中　V, S ——校正后体积和测管水位下降值;

　　　V_m, S_m ——($p_m + p_w$)所对应的体积和测管水位下降值;

　　　α ——仪器综合变形系数。

2. 确定特征压力

1) 绘制旁压曲线

用校正后的压力 p 和校正后的测管水位下降值 S(或校正后的体积 V),绘制 p-S(或 p-V)曲线,即旁压曲线。

在直角坐标系统中,以 S(cm)为纵坐标,p(kPa)为横坐标,各坐标的比例可以根据试验数据的大小自行选定。根据各级压力 p 和对应的测管水位下降值 S,分别将其确定在选定的坐标上,然后先将在一条直线上的点用直线段相连,并两端延长,与纵轴相交的截距即为 S_0;再用曲线板连曲线部分,定出曲线与直线段的切点,此点为直线段的终点,如图9-4所示。

2) 确定特征压力

通过对图9-4所示的旁压曲线的分析,可以确定土的初始压力 p_0、临塑压力 p_f 和极限压力 p_L 各特征压力。

延长旁压曲线的直线段与纵轴相交,其截距为 S_0,S_0 所对应的压力即为初始压力;

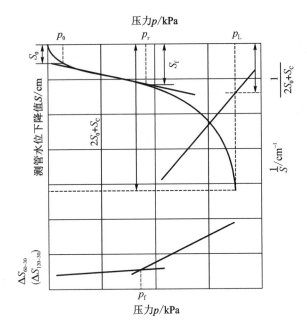

图 9-4 旁压曲线

直线段的终点对应的压力值为临塑压力 p_f 或按各级压力下 $30\sim60$ s 的增量 ΔS_{60-30} 或 $30\sim120$ s 的增量 ΔS_{120-30} 与压力 p 的关系曲线辅助分析确定临塑压力 p_f；将 p-S 曲线用曲线板加以延伸，取 $S=2S_0+S_c$ 所对应的压力为极限压力 p_l 或把临塑压力 p_f 以后曲线部分各点的水位下降值 S 取倒数 $1/S$，作 p-$1/S$ 关系曲线，在此线上取 $1/(2S_0+S_c)$ 所对应的压力为极限压力 p_l。

根据旁压曲线的直线段斜率可以计算地基土的旁压模量，结合上述特征压力值，可评定地基承载力和变形模量等。利用自钻式旁压试验结果，还可推求原位水平应力、静止侧压力系数和不排水抗剪强度等。

本章训练题

根据附录 B7 提供的旁压试验资料(附表 B7-1)，绘制旁压曲线，确定土体的特征压力。

现场直接剪切试验

现场直接剪切试验是针对特定尺寸岩土体的特定剪切面施加法向荷载,然后通过施加剪切荷载将岩土体沿剪切面剪切破坏,由此获得岩土体特定面上强度参数的现场试验。现场直接剪切试验可用于测定岩土体本身、岩土体沿软弱结构面、岩土体与其他材料(如混凝土等)接触面的强度参数。

相较于室内直剪实验,现场直接剪切实验的针对性强,剪切面大,代表性好。但是该试验投入大,功效低,一般用于重要的工程项目,当室内实验难以取得有代表性的强度参数时,可采用现场直剪试验。

现场直剪试验可在试洞、试坑、试槽或大口径钻孔内进行。当剪切面水平或近于水平时,可采用平推法或斜推法;当剪切面较陡时,可采用楔形体法。本章仅限于介绍土体的直接剪切试验。

10.1 试验设备

土体的现场直剪试验的设备包括剪力盒、法向和切向加荷系统、位移量测系统、反力系统等。

1. 剪力盒

剪切盒是由4块足够强度刚性板构成的中空方体盒,剪切面积不小于0.25 m²,试样最小边长不宜小于0.5 m,高度不宜小于最小边长的0.5倍。剪切盒下端制成刀口,试验安装时,可削除试样周边多余土体。

2. 加荷系统

加荷系统包括法向加荷系统和切向加荷系统两种。

法向加荷系统主要由千斤顶、荷重传感器、数显记录仪以及顶头压座、滚轴排及荷重盖板等组成。

切向加荷系统主要由切向千斤顶、切向传感器、记录仪、千斤顶支座、顶头压座及挡力板等组成。

3. 位移量测系统

这里主要是指水平位移量测系统,包括支撑柱、基准梁、位移测量元件和记录仪。根据现场直剪试验的技术要求,将支撑柱打设在试坑内适当的位置,将基准梁架设在支撑柱上,将位移测量元件固定在基准梁上,组成完整的水平位移量测系统。位移测量元件可采用百分表或位移计。

4. 反力系统

目前采用地锚提供反力架比较普遍,如图 10-1 所示,设备主要包括地锚、主梁、副梁等。在实践中采用 4 个或更多地锚以满足试验的需求。

图 10-1　现场直剪试验

10.2　试验技术要点与操作步骤

10.2.1　试验技术要点

现场直剪试验可在试洞、试坑、探槽或大口径钻孔内进行。对于土体,包括碎石土,宜采用平推法(图 10-2)。

为获得能够反映现场实际情况的试验结果,土体的现场直剪试验应符合如下技术要求。

(1)同一组试验体的土性应基本相同,受力状态应与土体在工程中的实际受力状态相近。

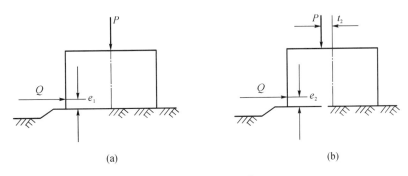

图 10-2　平推法示意图

（2）现场直剪试验每组试验体不宜少于 5 个，剪切面积不得小于 0.25 m²，以使试验结果具有代表性。

（3）开挖试坑时，应避免试验体扰动和含水量的显著变化；在地下水位以下试验时，应避免水压力和渗流对试验的影响。

（4）试验体高度不宜小于 0.2 m 或为最大粒径的 $4\sim8$ 倍，剪切面开缝应为最小粒径的 $1/4\sim1/3$。

（5）施加的法向荷载、剪切荷载应分别位于剪切面中心和剪切缝的中心，如图 10-2(a)所示。或使法向荷载与剪切荷载的合力通过剪切面的中心，并保持法向荷载不变，如图 10-2(b)所示。

（6）如果现场直剪试验在地下水位以下进行，应先降低水位，安装试验装置并恢复水位后，再进行试验。

10.2.2　试验操作步骤

根据上述试验的技术要求，现场直剪试验一般按下列方法和步骤进行。

（1）试验体制作与试验准备。在试验位置的相应深度处，按规定的尺寸开挖、切削试验土体，除剪切面外，将试验体与周围土体隔离，并预留施加剪切荷载千斤顶的安放位置。在开挖试验体的过程中，务必精心操作，防止对试验体的扰动。由于每组试验有多个试验体，可以一起开挖，但应采取相应措施进行保护，防止含水量的明显变化。

（2）设备安装。安装法向荷载千斤顶和沉降量测仪器的方式与平板载荷试验类似，对于土体中的现场直剪试验，需要地锚、横梁等反力装置，并采用基准梁和磁性表座将千分表或位移计设置在加载板的适当位置；施加剪切荷载的千斤顶的基座应支撑于原状土上，安装前应将支撑位置整平，并在基座与土体之间垫放刚性木板或钢板。

（3）施加法向荷载。施加法向荷载时，应使法向应力在剪切面上均匀分布，并在整个剪切过程中维持不变；最大法向荷载应大于设计荷载，并分级等量施加；荷载精度应为试验最大荷载的 $\pm2\%$。

每一试验体的法向荷载可分 4、5 级施加；施加法向荷载后应测读法向变形，当法向变形达到相对稳定时，即可施加剪切荷载。

（4）施加剪切荷载。每级剪切荷载按预估最大剪切荷载的 8%～10% 分级等量施加，或按法向荷载的 5%～10% 分级等量施加；剪切荷载的作用线应通过剪切面中心。剪切荷载可按位移控制法施加。在试验体被剪切前，应预估最大剪切荷载 Q_{max}。对于采用平推法的剪切面面积为 F 的矩形试验体，可按式（10-1）预估 Q_{max} 值。

$$Q_{max} = (c + \sigma \tan \varphi) \cdot F \tag{10-1}$$

（5）试验终止条件。当剪切变形急剧增长或剪切变形达到试验体尺寸的 1/10 时，可终止试验。

10.3　试验资料整理与分析

在进行现场直剪试验资料整理时，应绘制剪应力与剪切位移关系曲线和剪应力与垂直位移关系曲线，以确定比例强度、屈服强度、峰值强度和残余强度等特征参数；进而绘制法向应力与比例强度、屈服强度、峰值强度、残余强度的关系曲线，以确定相应的强度参数。

1. 确定比例强度、屈服强度、峰值强度和残余强度

应依据同一组直剪试验结果，以剪切位移为横坐标、剪应力为纵坐标，绘制剪应力与剪切位移关系曲线（图 10-3）。按如下方法确定各抗剪强度特征值。

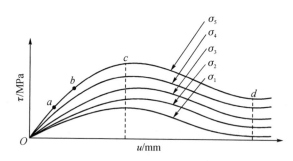

图 10-3　现场直剪试验剪应力与剪切位移关系曲线

（1）比例强度。定义为剪应力与剪切位移关系曲线上初始直线段的末端相对应的剪应力，如图 10-3 上 a 点对应的剪应力。

（2）屈服强度。过比例强度后，剪应力与剪切位移的关系开始偏离直线，随着剪应力增大，剪切位移增速加快，试验体的体积由收缩转为膨胀。如图 10-3 中 b 点对应的剪应力即为屈服强度。

（3）峰值强度。试验体的体积膨胀加速,剪切位移随剪应力加速增长。在剪应力与剪切位移关系曲线上,尽管剪应力仍然随着剪切位移的增长而增大,但曲线斜率越来越小,到 c 点时(图 10-3)剪应力达到最大值,即为峰值强度。

（4）残余强度。过了峰值以后,剪应力开始衰减,但抗剪强度并不为零,随着剪切位移的增大,剪应力维持在一个较低的水平,即为残余强度,如图 10-3 上的 d 点。

2. 确定抗剪强度参数

通过绘制法向应力与不同特征强度(比例强度、屈服强度、峰值强度或残余强度)的强度包络线,确定相应的强度参数。如图 10-4 是剪应力峰值、残余值与法向应力的关系曲线,从中可以得到峰值强度参数和残余强度参数。

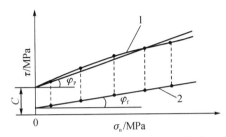

1—峰值强度包络线；2—残余强度包络线

图 10-4　现场直剪试验剪应力与法向应力关系曲线

本章训练题

根据附录 B8 提供的现场直接剪切试验资料(附表 B8-1),绘制现场直剪试验剪应力与剪切位移关系曲线和剪应力与法向应力关系曲线,确定土体的相应强度指标。

第11章

工程地质勘察报告编写

11.1 勘察报告的内容和体例

工程地质勘察报告是针对一个建设项目所进行的工程地质勘察工作和勘察成果的总结性文件。勘察报告应遵守国家相关标准,根据工程项目的建设阶段、要求和特点,全面归纳其工程地质条件,评价项目建设面临的工程地质问题,提出解决这些问题的建议其至技术方案。

结合施工图设计阶段(详勘阶段)的工程地质勘察实践,工程地质勘察报告是在调查研究、现场勘探与原位测试、室内实验以及理论分析计算成果基础上,系统地回答如下内容。

(1)通过收集资料和现场调查,归纳拟建场地及毗邻地区的气象水文条件、交通与经济发展现状、地形与地貌形态。这部分内容的详略程度取决于建设项目的规模及重要性。

(2)结合区域地质资料和已有工程地质勘察文献,在工程地质勘探资料基础上,详细论述拟建场地的地层条件:由浅层到深层按顺序论述岩土层的地质年代与成因类型,岩土层名称、颜色、状态、湿度、分层厚度及变化范围、主要特性及特殊性等。

(3)根据工作深度,论述与建设项目相关的水文地质条件:地下水含水层性质及水头高度(地下水位)、极端水位及年变化幅度、各含水层的补给、径流、排泄条件。

(4)根据地区经验,在岩土工程原位测试和室内实验成果基础上,按岩土分层统计分析各岩土层的物理、力学、地下水动力学等性质参数,有时按照项目要求提供岩土层及地下水的水化学和电化学性能参数。给出岩土工程分析计算的岩土层设计参数。

(5)根据建设项目的要求和所面临的工程地质问题,进行针对性的岩土工程分析计算。一般情况下,应进行场地的地基承载力验算、天然地基沉降验算、桩基单桩承载力计算。需要时,尚应进行场地地震液化评价;经委托,进行边坡稳定性分析、基坑工程设计或地质灾害防治等,并将各种岩土工程验算结果进行归纳总结。

(6)针对建设项目涉及的特殊工程地质问题,通过分析计算,提出对策建议。

作为一份完整的工程地质勘察报告,按照现行国家和行业标准的要求,可依照如下约定俗成的体例进行编制。

1　前言

　　1.1　工程概况

　　1.2　执行的规范标准、勘察目的及工作方法

　　1.3　勘探点定位与引测

　　1.4　本次勘察完成的工作量

2　拟建场地的工程地质条件

　　2.1　所在区域的气候水文条件

　　2.2　场地的地形地貌条件

　　2.3　地基土的构成与特征

　　2.4　地基土的物理力学性质

　　2.5　地下水

　　2.6　不良地质条件

　　2.7　场地地震效应

3　岩土工程分析与评价

　　3.1　场地的稳定性与适宜性

　　3.2　天然地基

　　3.3　桩基础

　　3.4　基坑工程

　　3.5　地基处理及不良地质防治

4　结论与建议

　　4.1　结论

　　4.2　建议

5　报告说明

除了文字报告外,一系列附表、附图也是勘察报告不可或缺的组成部分。虽然不同的勘察报告因项目规模、勘察工作量、工作内容不同,所包括的附图和附表有差异,但如下附件,只要有,都应附在文字报告之后。

(1)勘探点平面布置图及图例;

(2)钻孔柱状图;

(3)工程地质剖面图;

(4)原位试验成果图表(现场完成的各原位测试、抽降水试验等);

(5)室内实验成果图表(土工试验成果表、固结试验成果表、压缩曲线等);

（6）地下水对建筑材料腐蚀性化验报告。

11.2　勘察报告的资料整理

任何一个工程勘察项目,均从收集资料、制定勘察纲要开始,通过系统的勘察工作,从不同侧面获得关于建设项目工程地质条件的信息,这包括测绘结果与勘探记录、原位测试及现场进行的其他一些试验成果、每个试样(岩土试样及水样)室内实验结果等。这些资料是第一手资料,是珍贵的。但这些资料未经整理和归纳,是零碎的,只是一些记录和数据;只有按照地质学和工程地质学原理,对这些资料进行整理,才能得到反映场地工程地质条件的信息,为工程建设服务。

随着人类发展和工程建设领域的拓展,目前很难找到一个没有任何信息资料的蛮荒之地,包括地球的南北极甚至月球。因此,在正式开始勘探作业前,应收集区域地质资料、已有工程地质勘察资料和地区工程勘察经验,初步认识拟建场地的工程地质条件,并初步建立场地的地质模型。以此为指导,按照国家、地区和行业标准的要求,进行勘察资料的分析和整理。

场地的岩土分层与构成是勘察资料整理的基础。因此,应对勘探深度范围内的岩土构成进行科学分层。划分岩土层时,应在初步地质模型基础上,以钻探记录为主,以包括物探成果在内的原位测试成果(特别是能够获得连续曲线的静力触探成果)和室内实验结果为辅,建立准确的建设场地的工程地质模型。

岩土层的物理力学性能参数和原位测试指标均应以场地内岩土分层为统计单元。在岩土分层基础上,对室内实验结果和原位测试指标进行统计分析,获得各岩土层各个物理力学指标和原位测试指标的分布范围、平均值、变异系数,形成室内实验成果表,并根据地区经验和工程经验,提出岩土工程设计计算的岩土参数表。

经过上述整理后的勘察资料,可以较为清晰地认识建设场地的岩土构成、各岩土层的空间分布规律和工程特性,为绘制勘察报告的图件和岩土工程设计计算奠定了良好的基础。

11.3　勘察报告的图件制作

勘察报告中的附图(表)是工程地质勘察报告的重要组成部分,这些图表使勘察成果按符合工程地质原理的形式呈现出来,一目了然。一般情况下,这些图件包括勘探点平面布置图、钻孔柱状图和工程地质剖面图。

根据工程经验,由于现场实际情况与事先估计的情况会存在差异,一般需要在现场作业完成后,对勘探点平面布置图进行调整和完善,采用图例明确各种勘探点类型,确定各勘探点的平面位置,标明各勘探点的孔口标高和孔底深度等。钻孔柱状图可根据钻探记录和场地所在区域地质资料,在场地工程地质模型指导下绘制,以明确岩土地质年代和成因,揭示地层空间分布规律和地下水发育情况。工程地质剖面图是根据工程建设要求、建(构)筑物布局和地质条件,同样在在场地工程地质模型指导下,结合钻探记录和原位测试成果绘制,以揭示场地内岩土层在不同方向的变化规律。

11.3.1　绘制钻孔柱状图

钻孔柱状图源于地质钻探编录,特别是矿产调查的钻探实践,是根据对钻探取得的芯样或岩粉的观察鉴定、取样分析以及在钻孔内进行的各种测试所获资料编制而成的一种综合性图件,借以形象地表示钻孔通过的岩土层及其相互关系。在工程勘察实践中,各勘察设计单位绘制的钻孔柱状图存在一定的区别。有的简单,有的更加综合,不仅有地层信息,而且孔内进行的原位测试和室内实验成果也附在图上。从基本功能和用途看,钻孔柱状图采用图表形式,至少反映一个钻孔的以下几个方面的内容,如图 11-1 所示。

(1)描述性信息,包括图名、工程名称与编号、钻孔编号以及钻孔信息(坐标、孔口标高、孔径、开孔日期、终孔日期)。

(2)地层信息,包括地层编号、时代、成因、层底标高及深度、分层厚度,也包括用岩土层图例表示的柱状图(含垂直比例尺)和岩土名称及其特征等。

(3)其他信息,在该孔内取样的位置信息、进行的原位测试位置及成果等。

(4)图鉴,主要是单位名称及出图章,相关钻探记录、制图、项目负责人和审核人的信息及图鉴。

可按如下步骤完成钻孔柱状图的制作。

(1)根据文献资料、当地经验和钻孔成果,按从上到下依次确定各地层的年代和成因、地层层序和编号。

(2)根据现场钻探记录及其他勘探成果,对钻孔穿越的岩土层进行分层划分,确定各地层分层厚度。

(3)根据钻孔孔口标高,确定各地层层底标高。

(4)设定垂直比例尺,根据地层岩性图例,依据地层分层厚度绘制钻孔柱状图。

(5)填写岩土名称及其特征(岩性描述)。

(6)按钻孔内取样点深度,将取样位置标记在柱状图上。

(7)如果有的话,添加原位测试成果(标准贯入试验、十字板剪切试验、静力触探试验等)。

ZK1 号钻孔柱状图

编号：1-1

| 实测坐标 X=719731.69 m Y=362571.54 m | 孔口标高 1.93 m | 稳定水位 | 钻孔深度 29.88 m | 施工日期 |

土层编号	土层名称	层底深度(m)	层底标高(m)	层厚(m)	柱状图1:200	土层描述	试样、试验深度 ●原状 ○扰动 ▽标贯留样 编号No. 取样 标贯 中点深度(m)	标准贯入试验 ××击数50/×× 50打入××cm 50/预××50打入××cm 0 10 20 30 40 50 (击)
I₃	腐殖质	4.35 −2.42		4.35		灰褐~灰黑色，饱和，含大量植物根茎叶，有嗅味		
II	淤泥	16.50 −14.57		12.15		青灰~青黑色，饱和，流塑~软塑。土质极软，钻具自沉。切面光滑，土质较均匀，含较多黑色有机质和腐殖物残体及朽木块。其中，12.1~13.1m处为淤泥含腐殖物	●1 8.08 ●2 10.23 ●3 12.03 ●4 13.53	
III	黏质粉土	20.20 −18.27		3.70		青灰~灰黄色，饱和，可塑。土质均匀，摇振无反应，韧性中等，干强度较高。手按有凹痕	19.88	6×
III	黏土	24.38 −22.45		4.18		青灰色，饱和，可塑~可塑偏硬。含有机质，摇振无反应，韧性中等，干强度较高	21.13 22.58	×4 13×
IV₁	中细砂	29.88 −27.95		5.50		灰黄~灰白色，饱和，中密。颗粒均匀，质较纯。24.38~26.13 m黏性土含量较高	26.48 28.58 29.68	22× 22× 42×

审核：　　　　　　　　　　工程负责人：　　　　　　　　　日期：　　年　　月　　日

图 11-1　钻孔柱状图示例

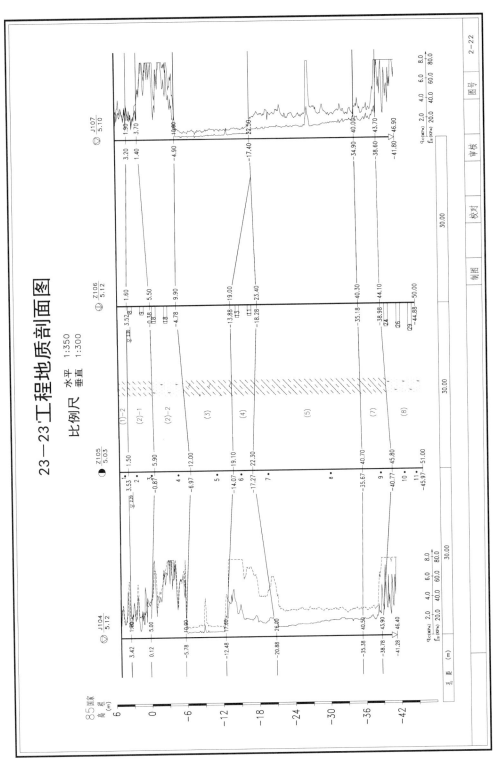

图 11-2 工程地质剖面图示例

（8）添加地下水位及量测时间。

（9）完善其他信息，工程名称、编号、钻孔编号、坐标、孔口标高、孔径、开孔日期、终孔日期。

（10）图签，并附图例。

11.3.2　绘制工程地质剖面图

工程地质剖面图是按一定比例尺，表示在地质剖面上各地层的空间发育特征及其相互关系的图件。它是沿地表某一特定方向，穿过勘探钻孔和原位测试孔位，以假想的竖直平面与地表、地层、地下水位相切而得到的断面图。工程地质剖面图依据现场测绘和钻探编录以及静探等测试成果来绘制，其主要内容应包括剖面方向、地形及地层的编号、岩性、厚度、时代、地下水位，它可表现出各地层的空间位置和在空间上的变化特征等，一般情况下也会附上各钻孔内的取样点位置和测试成果，以及相应的原位测试曲线图。凭借工程地质图，使使用者直观清晰地了解该场地的地形起伏特征、地基岩土构成和空间发育特征以及地下水位埋深等信息。

工程地质剖面图（图 11-2）可以在钻孔柱状图和原位测试曲线图的基础上，按如下步骤进行编制。

（1）根据建筑物布局和孔位确定剖面线。

（2）确定比例尺，垂直和水平比例尺一般不同，根据勘探孔最大深度确定垂直比例尺，然后依图幅大小确定水平比例尺。

（3）根据水平比例尺，确定每个勘探孔的位置，根据垂直比例尺和标高比尺，确定勘探孔孔口位置。

（4）根据各勘探孔标高，绘制地形轮廓线，尽可能符合实际情况。

（5）根据孔深，用粗直线绘制每个勘探孔，用特定符号区分不同的勘探孔，在孔底标注孔深。

（6）基于当地经验，根据现场勘探记录（或依据钻孔柱状图），对每个勘探孔分层；标注每层土的编号、层底标高和深度，用细线绘制分层界限。

（7）依据岩土层的图例，绘制岩土层柱状图。

（8）添加地下水位、原位测试成果。

（9）添加勘探孔编号及孔口标高、图名等。

（10）添加图鉴。

11.4　勘察报告编写注意事项

在自然界中，岩石经内外动力地质作用而破碎，风化成土；土经各种地质营力搬运、沉积、成岩作用,又转化为岩石。天然的岩土层是地质作用的产物,其显著的特点是具有空间变异性和地域性,即使是人工填土,其性质也具有很强的不确定性。岩土的这些特点决定了岩土工程不可以批量生产,只能是将工程的要求与岩土的特点结合起来的创造性工作。然而,确实有一些工程师,特别是欠缺地质学基础知识的或缺乏工程经验的工程师,往往忽视了岩土体的这些特点,机械地照搬规范的具体规定,而对规定却一知半解。以致勘察报告的工程针对性差,所得结论或理论性、条理性差,或依据不足,无法满足后续工程设计和建设的要求。为了达到岩土工程勘察的目标,在勘察报告编写时,应注意以下几个方面。

1. 报告编写要有针对性

这里针对性至少包括两个方面:一是针对建设项目的具体情况和具体要求编写报告,二是针对建设场地的工程地质条件展开论述。从岩土工程勘察基本知识可知,建设项目有阶段不同、规模差异、建(构)筑物功能有别,勘察工作和勘察报告应根据建设项目的特点和要求展开,突出特殊性,兼顾一般性。类似地,正由于建设项目所处地域不同和规模差异,可能涉及的场地和岩土的复杂程度相差巨大,勘察报告应围绕场地和岩土的特殊性进行重点论述。总之,编写勘察报告,要遵守一般规律和编写规范,但更要有针对性,突出建设项目面临的突出问题和特殊性进行分析,提出建议,才能服务工程建设,起到指导作用。

2. 报告编写要言之有据

我国已建立了施工图审查制度,施工图审查的依据是现行的规范和标准,因此,勘察报告应依据国家规范、行业规范和地方标准的规定进行编写。

3. 报告编写要言之有理

从原始资料,包括现场记录和室内实验结果等,到勘察报告,需要经过一个归纳整理、计算分析的过程,才能得到科学的结论。高质量的岩土工程勘察报告应该言之有理,其分析整理的过程应在地质学原理、岩土力学原理以及相关的工程学原理的指导下进行,整篇报告力争做到逻辑严密、概念清晰、分析有理、结论有据。

本章训练题

根据附录 B9 提供的某拟建场区工程地质勘察资料(附表 B9-1—附表 B9-8),完成如下工作:

(1)钻孔柱状图绘制和工程地质剖面图绘制;

(2)勘察报告的编写训练。

附 录

附录 A 试验数据记录表

附表 A-1 钻探野外记录表

工程名称：_____
工程编号：_____

钻孔编号：_____
终孔深度：_____ m

地下水位初见：_____ m
稳定：_____ m

孔口标高：_____ m
施工日期：_____ 年___月___日

钻进深度 /m	土层描述															野外分层	取样深度 /m	$N_{63.5}$
	岩土名称	状态					湿度				密实度				包含物及其他特征			
		流塑	软塑	可塑	硬塑	坚硬	饱和	很湿	湿	稍湿	松散	稍密	中密	密实				

工程负责人：   钻探班：   编录员：

88

附表 A－2　现场钻孔柱状图

工程名称：_____　工程地点：_____

工程编号：_____　钻孔编号：_____　孔口高程：____(m)　钻孔坐标：X ____(m)　Y ____(m)

终孔深度：____(m)　开孔日期：_____　终孔日期：_____　开孔直径：____(m)　终孔直径：____(m)

地下水位：初见：_____(m)　稳定：_____(m)　承压水位：_____(m)

地层编号	地层年代	地层名称	高程/m	深度/m	厚度/m	图例(____)	地层描述	取样编号	原位测试	
									类型	测试结果

工程负责人：_____　审核：_____　核对：_____　图号：_____

附表 A-3 标准贯入试验记录表

工程名称：_____　　　　钻孔编号：_____

地面标高(m)：_____　　　　地下水位(m)：_____

钻进方式：_____　　　　护壁方式：_____

钻孔直径(mm)：_____　　　　试验日期：_____年_____月_____日

贯入编号	钻杆长度/m	浮土厚度/m	贯入深度		贯入读数			N值/(击·30⁻¹cm)	备注
			起/m	止/m	每贯入10cm的锤击数				
					0~10	10~20	20~30		

校核人：_____　　　　　　　　记录员：_____

附表 A－4　浅层平板载荷试验记录表

工程名称：_____　　试验点编号：_____

地面标高(m)：_____　　地下水位(m)：_____

载荷板面积(m²)：_____　　日期：_____年　_____月　_____日

油压	荷载	观测时刻	间隔时间	百分表/千分表/位移传感器读数				平均值	沉降/mm		累计沉降
				表1	表2	表3	表4		本次	本级	

校核人：_____　　　　　　记录员：_____

附表 A－5　十字板试验记录表

孔号

工程名称		仪器型号		原状土强度 s_u		(kPa)
试验地点		传感器（钢环）号		重塑土强度 s_u'		(kPa)
试验深度 d	(m)	率定系数 ξ		灵敏度 $s_t = s_u/s_u'$		
孔口高程	(m)	板头规格 类型	$H/D=$	,$D=$	(mm)	残余强度 Say	(kPa)
试验日期		地下水位		(m)		土名，状态	

原状土剪力				重塑土剪切			
序数 j	仪表读数 ε	修正后读数(ε)	剪应力 τ/kPa	序数 j	仪表读数 ε'	修正后读数(ε')	剪应力 τ/kPa

仪表初读数　$\varepsilon_0 =$　；$\varepsilon_0' =$

读数计量单位

算式

剪应力 $\tau_j = K\xi(\varepsilon_j - \varepsilon_0) =$ 　　$\tau_j' = K\xi(\varepsilon_j' - \varepsilon_0') =$

强度 $s_u = (\tau_j)_{max} =$ 　　$s_u' = (\tau_j')_{max} =$

$s_{ur} = (\tau_j)_{min} =$

试验

记录:　　　　　计算:　　　　　复核:

附表 A‑6 动力触探试验记录表

工程名称：_____　　试验点编号：_____

地面标高(m)：_____　　地下水位(m)：_____

锤重(kg)：_____　　落距(cm)_____

落锤方式：_____　　日期：_____年 _____月 _____日

贯入编号	贯入深度		实测击数 N_i	贯入量/cm	触探杆长/m	备 注
	起/m	止/m				

校核人：_____　　记录员：_____

附表 A - 7　扁铲侧胀试验记录表

项目编号：		试验编号：	
项目名称：			
试验地点：		静压设备型号：	

钻杆类型：		地面高程：	m	扁铲编号：	
钻杆直径：	mm	地下水水位：	m	扁铲宽度：	mm
预钻孔深度：	m	套管深度：	m	扁铲厚度：	mm
		ΔA：	kPa	ΔB：	kPa

深度 /m	标高 /m	A /kPa	B /kPa	C /kPa	深度 /m	标高 /m	A /kPa	B /kPa	C /kPa
								$\Delta A =$	$\Delta B =$	

测试：　　　　　　记录：　　　　　　校核：　　　　　　测试日期：

附表 A - 8 旁压试验记录表

工程名称				钻孔编号		试验编号		
孔口标高/m				试验深度/m		地下水位/m		
测管水位与孔口高差/m			旁压器测量腔静水压力 p_w/kPa		弹性膜标定编号	CH－T－321	成孔方式	螺旋钻孔
旁压器型号		综合标定系数		测管截面积(cm²)		固有体积/cm³		
地层描述				粉质黏土,饱和,可塑状,土层均匀				
压力/kPa				测压管水位下降值 s_m/cm		体积膨胀量/cm³		
压力表读数 p_m	校正值 p_c	15 s	30 s	60 s	120 s	校正值 s	校正后 V	蠕变值 ΔV
						校正后 s		

测试: 　　　　　　记录: 　　　　　　校核: 　　　　　　测试日期:

附表 A-9 现场直剪试验数据表

工程编号：
工程名称：
地址：

试块尺寸：长(m)　宽(m)　高(m)　试验编号：
岩性描述：
试块界面参数及性质描述：
　　粗糙程度：　剪切面尺寸：
倾角：　初始剪切

1 时间 /min	2 法向力 P_n		3 法向位移 Δn					4 切向力 P_s			5 切向位移 Δs				6 接触面积 A（修正后） /m²	7 σ_n /MPa	8 τ /MPa
	读数	实际取值	读数				均值 /mm	读数	实际取值 /kN		读数		均值 /mm				
			1	2	3	4					1	2					

标定数据　　　　　　　　附注

试验人员：　　　　　试验日期：
审核人员：　　　　　审核日期：

附录 B　试验资料整理训练题

B1　钻孔原始记录资料整理训练题

附表 B1-1　钻探野外记录表

工程名称：同济胜科大楼　　　钻孔编号：Z4　　　地下水位初见：2.0 m　　　孔口标高：4.813 m
工程编号：　　　终孔深度：115 m　　　稳定：1.98 m　　　施工日期：　　　年　月　日

钻进深度/m	岩土名称	状态				湿度				密实度				土层描述（包含物及其他特征）	野外分层	取样深度/m	$N_{63.5}$
		流塑	可塑	硬塑	坚硬	饱和	很湿	湿	稍湿	松散	稍密	中密	密实				
0.0~0.5	杂填土									√				由黏性土、碎石子、小石块等组成，上覆20 cm水泥地			
0.5~2.5	灰素填土								√	√				黏性土，含有机质，无层理			
2.5~3.0	灰黏质粉土						√				√			含云母，粉土夹杂黏性土少量，韧性低	2.2	(1) 2.5~2.8	
3.0~3.5	灰黄/灰黏质粉土					√					√			含云母，夹杂黏性土少量，韧性低		(2) 3.0~3.3	
3.5~4.0	灰黏质粉土					√						√		含云母，粉土、砂土均为主夹杂黏性土少量		标(1) 3.65~3.95	$N=1$击$/1+1+2$ $=4$击$/30\ cm$
4.0~4.5	灰黏质粉土					√								含云母，粉土较均匀，夹杂黏性土少量		(3) 4.0~4.3	
4.5~5.5	灰砂质粉土					√						√		含云母，砂土均匀为主夹杂黏性土少量，韧性低		标(2) 4.65~4.95	$N=3$击$/2+5+4$ $=11$击$/30\ cm$
5.5~6.0	灰黏质粉土					√								含云母，粉土为主夹杂薄层黏性土少量		标(3) 5.65~5.95	$N=1$击$/2+2+1$ $=5$击$/30\ cm$
6.0~6.5	灰黏质粉土					√				√				含云母，粉土为主夹杂薄层极薄层黏性土		(4) 6.0~6.3	
6.5~7.0	灰黏质粉土					√								含云母夹薄层黏性土，少量		标(4) 6.65~6.95	$N=1$击$/1+2+1$ $=4$击$/30\ cm$
7.0~8.0	灰淤泥质粉质黏土	√				√								含云母夹薄层与固块黏性土，少量，切面稍光	6.9	(5) 8.0~8.3	
8.0~8.5	灰淤泥质粉质黏土	√				√								含云母夹薄层与固块黏性土，少量，土质均匀			
8.5~10.0	灰淤泥质粉质黏土	√				√								夹薄层与固块黏性土，少量，土质均匀			
10.0~10.5	灰淤泥质粉质黏土	√				√								夹薄层与固块黏性土，少量，土质均匀		(6) 10.0~10.3	
10.5~12.0	灰淤泥质黏土	√				√								土质均匀较纯，偶夹薄层粉性土，少量	10.3		

工程负责人：

钻探班：　　　　　　　　　　　　　　　　　　　　　编录员：

附表 B1-2 钻探野外记录表

工程名称：同济胜科大楼　　钻孔编号：Z4　　地下水位初见：　　　m　　稳定：　　　m　　孔口标高：　　　m　　施工日期：　　年　　月　　日

工程编号：　　终孔深度：115 m

钻进深度/m	岩土名称	状态（流塑/软塑/可塑/硬塑/坚硬）	湿度（饱和/很湿/湿/稍湿/松散/稍密/中密/密实）	土层描述（包含物及其他特征）	野外分层	取样深度/m	$N_{63.5}$
12.0~12.5	灰淤泥质黏土	流塑 √	饱和 √	土质均匀较纯，偶夹薄层粉性土，少量		(7) 12.0~12.3	
12.5~14.0	灰淤泥质黏土	流塑 √	饱和 √	土质均匀纯净，含少许有机质条带			
14.0~14.5	灰淤泥质黏土	流塑 √	饱和 √	偶夹极薄层与粒状粉性土少量，韧性高		(8) 14.0~14.3	
14.5~16.0	灰淤泥质黏土	流塑 √	饱和 √	含少许有机质条带，偶夹粒状粉性土少量			
16.0~16.5	灰淤泥质黏土	流塑 √	饱和 √	土质均匀纯净，含少许有机质条带，切面光滑	16.3	(9) 16.0~16.3	
16.5~18.0	灰色黏土	软塑 √	很湿 √	黏土均匀，偶夹粒状粉性土少量			
18.0~18.5	灰色黏土	软塑 √	很湿 √	含有机质条带，偶夹粒状粉性土少量，韧性高		(10) 18.0~18.3	
18.5~20.0	灰色黏土	软塑 √	很湿 √	含有机质条带与少许钙质结核			
20.0~20.5	灰色黏土	软塑 √	很湿 √	含有机质条带，少许有钙质结核与少许腐植物		(11) 20.0~20.3	
20.5~22.0	灰色黏土	软塑 √	很湿 √	偶含少许钙质结核与少许腐植物			
22.0~22.5	灰色粉质黏土	软塑 √	很湿 √	偶含少许钙质结核夹粉性土少量，韧性中等	21.7	(12) 22.0~22.3	
22.5~24.0	灰色粉质黏土	软塑 √	很湿 √	夹粉性土少量，土质均匀			
24.0~25.0	灰色粉质黏土	软塑 √	很湿 √	含少许钙质结核半腐植物，切面精光		(13) 24.0~24.3	
25.0~27.0	灰色粉质黏土	软塑 √	很湿 √	含少许钙质结核，夹粉性土少量，土质均匀			
27.0~28.0	灰色粉质黏土	软塑 √	很湿 √	含少许钙质结核，夹粉性土少量，韧性中等		(14) 27.0~27.3	

工程负责人：　　　　钻探班：　　　　编录员：

附表 B1-3　钻探野外记录表

工程名称：同济胜科大楼　　钻孔编号：Z4　　地下水位初见：　　　m　　孔口标高：　　　m

工程编号：　　　　　　　　终孔深度：115 m　　稳定：　　　m　　施工日期：　　年　月　日

钻进深度/m	岩土名称	状态					湿度			密实度				土层描述 包含物及其他特征	野外分层	取样深度/m	$N_{63.5}$
		流塑	软塑	可塑	硬塑	坚硬	饱和	很湿	稍湿	松散	稍密	中密	密实				
28.0~30.0	灰色粉质黏土		√					√						偶含少许泥钙质结核,夹粉性土少量,土质较均			
30.0~31.0	灰色粉质黏土		√					√						偶含少许半腐植物,夹粉性土少量,土质较均		(15) 30.0~30.3	
31.0~33.0	灰色粉质黏土		√					√						偶含少许半腐植物,夹粉土少量			
33.0~34.0	灰色粉质黏土		√					√						偶含少许半腐植物,夹粉性土少量,切面稍光		(16) 33.0~33.3	
34.0~36.0	灰色粉质黏土		√					√						夹粉性土少量,土质较均			
36.0~37.0	灰粉黏夹粉质黏土		√					√						含云母,样中夹粉土的量约占20%,不均		(17) 36.0~36.3	
37.0~39.0	灰色粉质黏土		√					√						偶含少许半腐植物,夹粉性土少量			
39.0~39.5	灰砂质粉土						√				√			含云母,粉土为主,局部夹极薄层黏性土,韧性低	38.7		
39.5~40.0	灰砂质粉土夹粉质黏土						√				√			含云母夹薄层0.2~2 cm固块粉质黏土,其量约占20%,韧性低		标(5) 39.65~39.95	N=3击/3+5+4=12击/30 cm
40.0~41.0	灰砂质粉土夹粉质黏						√				√			含云母,局部夹薄层粉质黏土,少量			
41.0~41.5	灰砂质粉土夹粉质黏						√				√			夹极薄层0.5~2.0 cm粉质黏土,其比例约占30%		(19) 41.0~41.3	
41.5~42.0	灰砂质粉土夹粉质黏						√				√			含云母极薄层粉质黏土,少量,韧性低		标(6) 41.65~41.95	N=2击/2+4+4=10击/30 cm
42.0~43.0	灰砂质粉土夹粉质黏						√				√			含云母夹薄层0.2~2.0 cm固块粉质黏土,少量,局部5 cm与灰绿色渐变灰绿色粉质黏土			

工程负责人：　　　　　　　钻探班：　　　　　　　编录员：

附表 B1-4　钻探野外记录表

工程名称：同济胜科大楼　　地下水位初见：　　m　　孔口标高：
工程编号：　　　　　　　　稳定：　　m　　　　施工日期：
钻孔编号：Z4
终孔深度：115 m　　　　　　　　　　　　　　　　年　月　日　　m

钻进深度/m	岩土名称	状态					湿度			密实度				土层描述 包含物及其他特征	野外分层	取样深度/m	$N_{63.5}$
		流塑	软塑	可塑	硬塑	坚硬	饱和	很湿	稍湿	松散	稍密	中密	密实				
43.0~43.5	灰绿色粉质黏土			√					√					夹粉性土团块少量,土质较均,切面光滑	42.9	(20) 43.0~43.3	
43.5~45.0	灰绿色粉质黏土				√				√					夹粉性土少量,土质致密,较均			
45.0~45.5	灰绿色粉质黏土				√				√					夹粉性土少量,土质致密,韧性高		(21) 45.0~45.3	
45.5~47.0	灰绿色砂质粉土						√				√			含云母,砂土较均,偶夹粉性土少量	45.8		
47.0~47.5	灰绿色砂质粉土						√				√			含云母,砂土较均,偶夹粉性土少量		(22) 47.0~47.3	
47.5~48.0	灰色砂质粉土						√				√			含云母,砂土较均,偶夹粉性土少量		标(7) 47.65~47.95	N=3击/4+5+7=16击/30 cm
48.0~50.0	灰色砂质粉土						√					√		含云母,砂土较均,偶夹粉性土少量			
50.0~51.0	灰色粉质黏土			√				√						含云母,夹薄层,土质较均,土质,切面稍光	49.5	(23) 50.0~50.3	
51.0~53.0	灰色粉质黏土			√				√						含云母,夹极薄层粉性土少量,土质			
53.0~54.0	灰色粉质黏土			√				√						含云母,夹极薄层与团块粉性土少量,土质		(24) 53.0~53.3	
54.0~56.0	灰色粉质黏土			√				√						含云母,夹极薄层与团块粉性土少量,土质			
56.0~57.0	灰色粉质黏土		√					√						含云母,夹薄层与团块粉性土少量		(25) 56.0~56.3	
57.0~59.0	灰色粉质黏土夹砂		√					√						含云母,夹薄层与团块粉砂,其			
59.0~60.0	灰色粉质黏土夹砂		√					√						含云母,样中夹薄层7 cm与团块粉砂,其量占15%~20%,韧性中等		(26) 59.0~59.3	

工程负责人：　　　　　　钻探班：　　　　　　钻探员：　　　　　　编录员：

附表 B1－5　钻探野外记录表

工程名称：同济胜科大楼　　钻孔编号：Z4　　地下水位初见：　　m　　孔口标高：　　m

工程编号：　　终孔深度：115 m　　稳定：　　m　　施工日期：　　年　　月　　日

钻进深度/m	岩土名称	状态 流塑 / 软塑 / 可塑 / 硬塑 / 坚硬	湿度 稍湿 / 很湿 / 饱和	密实度 松散 / 稍密 / 中密 / 密实	包含物及其他特征	野外分层	取样深度/m	$N_{63.5}$
60.0~62.0	灰色粉质黏土夹砂	软塑 ✓	很湿 ✓		含云母夹××与团块粉砂少量，不均		(27) 62.0~62.3	
62.0~62.5	灰色砂质粉土		饱和 ✓	稍密 ✓	含云母,砂质均匀,较纯夹黏性土团块	61.4		
62.5~63.0	灰色砂质粉土		饱和 ✓	中密 ✓	含云母,砂质均匀,偶夹黏性土少量		标(8) 62.65~62.95	N＝9击/10＋12＋15＝37击/30 cm
63.0~65.0	灰色砂质粉土		饱和 ✓	中密 ✓	含云母,砂质均匀,较纯			
65.0~66.0	灰色砂质粉土		饱和 ✓	中密 ✓	含云母,砂质均匀,较纯,韧性低		(28) 65.0~65.3	
66.0~68.0	灰色粉砂		饱和 ✓	密实 ✓	含云母,石英等矿物,砂质均匀,纯净	65.7		
68.0~69.0	灰色粉砂		饱和 ✓	密实 ✓	含云母,石英等矿物,砂质均匀,纯净		标(9) 68.15~68.45	N＝13击/15＋19＋16＝50击/27 cm
69.0~71.0	灰色粉砂		饱和 ✓	密实 ✓	含云母,石英等矿物,砂质均匀,纯净			
71.0~72.0	灰色粉砂		饱和 ✓	密实 ✓	含云母,石英等矿物,砂质均匀,纯净		(29) 71.0~71.3	
72.0~74.0	灰色粉砂		饱和 ✓	密实 ✓	含云母,石英等矿物,砂质均匀,纯净			
74.0~75.0	灰色粉砂		饱和 ✓	密实 ✓	含云母,石英等矿物,砂质均匀,纯净		标(10) 74.15~74.45	N＝21击/27＋23＝50击/18 cm
75.0~77.0	灰色粉砂		饱和 ✓	密实 ✓	含云母,石英等矿物,砂质均匀,纯净			
77.0~78.0	灰色粉砂		饱和 ✓	密实 ✓	含云母,石英等矿物,砂质均匀,纯净		(30) 77.0~77.3	
78.0~80.0	灰色粉砂		饱和 ✓	密实 ✓	含云母,石英等矿物,砂质均匀,纯净			
80.0~81.0	灰色粉砂		饱和 ✓	密实 ✓	含云母,石英等矿物,砂质均匀,摇振反应迅速		标(11) 80.15~80.45	N＝26击/31＋19＝50击/14 cm

工程负责人：　　　　钻探班：　　　　编录员：

附表 B1－6 钻探野外记录表

工程名称：同济胜科大楼　　　　　　　钻孔编号：Z4　　　　　　　孔口标高：　　m　　地下水位初见：　　m

工程编号：　　　　　　　　　　　　终孔深度：115 m　　　　　　施工日期：　　年　　月　　日　　稳定：　　m

钻进深度/m	岩土名称	状态					湿度				密实度				包含物及其他特征	野外分层	取样深度/m	$N_{63.5}$
		流塑	软塑	可塑	硬塑	坚硬	饱和	很湿	湿	稍湿	松散	稍密	中密	密实				
81.0～83.0	灰色粉砂						√							√	含云母、石英等矿物，砂质均匀，纯净			
83.0～84.0	灰色含砾粉砂						√							√	含云母、石英、长石等矿物，粒状结构	83		
84.0～86.0	灰色含砾粉砂						√							√	含云母、石英、长石等矿物，砂质均匀，纯净		(31) 83.0～83.2	
86.0～87.0	灰色含砾粉砂			√			√					√			含粒径约 0.2～0.5 cm 砾石少量，砂质胶结，粒状结构构		标(12) 86.15～86.45	N = 30 击/38＋12 ＝50 击/12 cm
87.0～89.0	灰色含砾粉砂			√				√							含云母、石英、长石等矿物，砂质均匀，下部为黏性土			
89.0～90.0	灰色粉质黏土			√				√							夹粉性土少量，土质较均，韧性高	88.2	(32) 89.0～89.3	
90.0～92.0	灰色粉质黏土			√				√							夹粉性土团块少量，土质较均			
92.0～93.0	灰色粉质黏土			√				√							夹粉性土团块少量，土质较均，切面稍光		(33) 92.0～92.3	
93.0～95.0	灰色粉质黏土			√				√							夹粉性土团块少量，土质较均			
95.0～95.5	灰色粉质黏土			√				√							含云母、夹极薄层与团块粉土少量，土质较均，底部粉质感倍增	95.3	(34) 95.0～95.3	
95.5～96.0	灰色粉砂						√							√	切面稍光，底部土质渐增		标(13) 95.65～95.95	N = 23 击/29＋21 ＝50 击/16 cm
96.0～98.0	灰色粉砂						√							√	含云母、石英等矿物，砂质均匀，纯净			
98.0～99.0	灰色粉砂						√							√	含云母、石英等矿物，砂质均匀，纯净		(35) 98.0～98.2	
99.0～101.0	灰色粉砂						√							√	含云母、石英等矿物，砂质均匀，纯净			

工程负责人：　　　　　　　　　　钻探班：　　　　　　　　　　编录员：

附表 B1－7　钻探野外记录表

工程名称：同济胜科大楼　　　　　　　钻孔编号：Z4　　　　　　　　　孔口标高：　　　　m　　　　　　　　$N_{63.5}$

工程编号：　　　　　　　　　　　　　终孔深度：115 m　　　　地下水位初见：　　　m　　施工日期：　　年　　月　　日

　　　　　　　　　　　　　　　　　　　　　　　　　　　　　稳定：　　　m

钻进深度 /m	岩土名称	状态					湿度				密实度				土层描述 包含物及其他特征	野外分层	取样深度/m	$N_{63.5}$
		流塑	软塑	可塑	硬塑	坚硬	饱和	很湿	湿	稍湿	松散	稍密	中密	密实				
101.0~102.0	灰色粉砂						√							√	含云母、石英等矿物，砂质胶结，均匀纯净		标(14) 101.15 ~101.45	N＝30击/34＋16 ＝50击/14 cm
102.0~104.0	灰色粉砂						√							√	含云母、石英等矿物，砂质胶结，均匀纯净		(36) 104.0~104.2	
104.0~105.0	灰色粉砂						√							√	含云母、石英等矿物，砂质胶结，均匀纯净			
105.0~107.0	灰色粉砂						√							√	含云母、石英等矿物，砂质胶结，均匀纯净			
107.0~108.0	灰色粉砂						√							√	含云母、石英等矿物，砂质胶结，均匀纯净		标(15) 107.15 ~107.45	N＝28击/32＋18 ＝50击/15 cm
108.0~110.0	灰色粉砂						√							√	含云母、石英等矿物，砂质胶结，均匀纯净			
110.0~110.5	灰色粉砂						√							√	含粒径0.1~0.5 cm棱形、椭圆形砾石少量 砂质，均匀，纯净粒状结构，砂质胶结	109	(37) 110.0~110.2	
110.5~112.5	灰色中粗砂						√							√	含云母、石英，长石及粒径0.2~1 cm砾石少量			
112.5~113.0	灰色中粗砂						√							√	含云母、石英及粒径0.2~2 cm砾石少量		标(16) 112.65 ~112.95	N＝34击/41＋9 ＝50击/12 cm
113.0~114.8	灰色中粗砂						√							√	含云母、石英，长石等矿物，粒状结构			
114.8~115.0	灰色中粗砂						√							√	含云母、石英，长石等矿物 及粒径0.2~0.5 cm砾石少量 终孔115.0 m		(38) 114.8~115.0	

工程负责人：　　　　　　　　　　　　　　　钻探班：　　　　　　　　　　　　　　编录员：

B2　标准贯入试验资料整理训练题

附表 B2-1 是某工程在 3 个钻孔中的标准贯入试验结果,根据钻孔记录,♯25、♯27 和♯28 钻孔中第⑤层粉细砂的层位分别为 17.3~24.1 m,17.4~24.4 m,19.4~23.95 m。试对第⑤层粉细砂层的标贯结果进行统计分析,并根据统计结果评价该层土的相关物理力学性质:密实程度、强度及强度和压缩性指标。

附表 B2-1　标准贯入试验结果

孔号	土层	贯入深度/m	N
25	⑤ 粉砂	18.15~18.45	9
	粉砂	19.15~19.45	6
	细砂	20.20~20.50	14
	细砂	21.15~21.45	15
27	⑤ 粉砂	18.25~18.55	10
	细砂	19.40~19.70	13
	细砂	21.35~21.65	19
	细砂	22.30~22.60	6
	粉砂	23.10~23.40	7
	粉砂	24.15~24.45	5
28	⑤ 粉砂	19.65~19.95	8
	细砂	20.60~20.90	18
	细砂	21.65~21.95	7
	粉砂	22.80~23.10	8
	粉砂夹黏土	23.65~23.95	20
	⑥ 亚黏土	24.70~25.00	3

B3　平板载荷试验资料整理训练题

附表 B3-1 为某地基处理场地的载荷试验记录,完成如下资料整理和成果应用工作。

(1) 绘制荷载(p)-沉降(s)曲线、$s-\lg t$ 曲线和 $\lg p-\lg s$ 曲线;

(2) 确定处理后地基的承载力特征值。取地基的泊松比等于 0.34,计算地基变形模量。

附表 B3-1　平板载荷试验记录表

时间	读数间隔/min	压力表读数	本阶段荷载/kN	百分表读数/mm					沉降/mm		累计沉降
				表1	表2	表3	表4	平均	本次	本级	
8:00	0	4	24	3.00	5.80	4.80	2.90	4.125			
	5			3.25	6.06	5.21	3.27	4.448			
	5			3.28	6.11	5.15	3.31	4.463			
	10			3.35	6.18	5.22	3.28	4.508			
	10			3.36	6.19	5.23	3.29	4.518			
	15			3.36	6.19	5.24	3.29	4.520			

注: 宝钢某道路工程地基加固项目平板载荷试验:载荷板尺寸 1.0 m×1.0 m,试坑深度 0.5 m

宝钢某道路工程地基加固项目平板载荷试验：载荷板尺寸 1.0 m×1.0 m,试坑深度 0.5 m

时间	读数间隔/min	压力表读数	本阶段荷载/kN	百分表读数/mm					沉降/mm		累计沉降
				表1	表2	表3	表4	平均	本次	本级	
	15			3.37	6.20	5.24	3.30	4.528			
	30			3.38	6.21	5.25	3.31	4.538			
	30			3.38	6.21	5.25	3.31	4.538	0.413	0.413	
10：00	0	6	36								
	5			3.94	6.78	5.81	3.88	5.103			
	5			3.97	6.82	5.84	3.91	5.135			
	10			3.99	6.84	5.86	3.93	5.155			
	10			4.01	6.85	5.87	3.94	5.168			
	15			4.02	6.86	5.88	3.95	5.178			
	15			4.02	6.87	5.89	3.96	5.185			
	30			4.03	6.88	5.90	3.97	5.195			
	30			4.04	6.89	5.91	3.98	5.205	0.667	1.080	
12：00	0	8	48								
	5			4.70	7.58	6.59	4.65	5.880			
	5			4.73	7.62	6.63	4.68	5.915			
	10			4.75	7.65	6.65	4.70	5.938			
	10			4.77	7.67	6.68	4.72	5.960			
	15			4.78	7.68	6.69	4.73	5.970			
	15			4.78	7.69	6.70	4.74	5.978			
	30			4.79	7.70	6.71	4.75	5.988			
	30			4.80	7.71	6.72	4.76	5.998	0.793	1.873	
14：00	0	10	60								
	5			5.51	8.43	7.44	5.48	6.715			
	5			5.55	8.48	7.49	5.53	6.763			
	10			5.57	8.50	7.51	5.55	6.783			
	10			5.58	8.51	7.52	5.56	6.793			
	15			5.59	8.52	7.53	5.57	6.803			
	15			5.59	8.53	7.53	5.58	6.808			
	30			5.60	8.54	7.54	5.59	6.818			
	30			5.61	8.55	7.55	5.60	6.828	0.830	2.703	
16：00	0	12	72								
	5			6.45	9.38	8.40	6.43	7.665			
	5			6.49	9.43	8.45	6.48	7.713			
	10			6.52	9.45	8.47	6.50	7.735			
	10			6.53	9.46	8.48	6.51	7.745			
	15			6.54	9.47	8.49	6.52	7.755			
	15			6.54	9.47	8.49	6.53	7.758			
	30			6.56	9.49	8.51	6.55	7.778			

时间	读数间隔/min	压力表读数	本阶段荷载/kN	百分表读数/mm					沉降/mm		累计沉降
				表1	表2	表3	表4	平均	本次	本级	
	30			6.57	9.50	8.52	6.56	7.788	0.960	3.663	
18：00	0	14	84								
	5			7.60	10.55	9.56	7.58	8.823			
	5			7.65	10.60	9.61	7.63	8.873			
	10			7.68	10.62	9.64	7.65	8.898			
	10			7.69	10.63	9.65	7.66	8.908			
	15			7.71	10.64	9.66	7.67	8.920			
	15			7.72	10.65	9.65	7.69	8.928			
	30			7.73	10.66	9.67	7.70	8.940			
	30			7.74	10.67	9.68	7.71	8.950	1.162	4.825	
20：00	0	16	96								
	5			8.97	11.90	10.89	8.94	10.175			
	5			9.99	11.94	10.93	8.99	10.463			
	10			9.02	11.96	10.95	9.01	10.235			
	10			9.03	11.97	10.97	9.03	10.250			
	15			9.04	11.98	10.98	9.05	10.263			
	15			9.05	11.99	10.98	9.06	10.270			
	30			9.07	12.01	10.99	9.07	10.285			
	30			9.08	12.02	11.01	9.08	10.298	1.348	6.173	
22：00	0	18	108								
	5			10.62	13.57	12.56	10.60	11.838			
	5			10.67	13.62	12.61	10.64	11.885			
	10			10.69	13.65	12.63	10.67	11.910			
	10			10.70	13.66	12.64	10.68	11.920			
	15			10.71	13.67	12.65	10.69	11.930			
	15			10.72	13.67	12.66	10.70	11.938			
	30			10.73	13.69	12.67	10.71	11.950			
	30			10.74	13.70	12.68	10.72	11.960	1.362	7.535	
24：00	0	20	120								
	5			11.88	14.65	13.77	12.00	13.075			
	5			12.07	14.91	13.89	12.15	13.255			
	10			12.31	15.15	14.02	12.37	13.463			
	10			12.45	15.25	14.11	12.57	13.595			
	15			12.51	15.31	14.17	12.61	13.650			
	15			12.52	15.35	14.20	12.64	13.678			
	30			12.54	15.37	14.21	12.66	13.695			
	30			12.56	15.37	14.22	12.67	13.705			
	30			12.57	15.38	14.22	12.68	13.713			
	30			12.58	15.38	14.23	12.69	13.720	1.760	9.295	

表头上方：宝钢某道路工程地基加固项目平板载荷试验：载荷板尺寸1.0 m×1.0 m，试坑深度0.5 m

B4　静力触探试验资料整理训练题

根据下列静力触探测试数据,绘制单孔各测试指标沿深度的变化曲线;结合所给出的土层提示(从上到下可划分粉质黏土、淤泥质粉质黏土、粉细砂 3 层),依据静探试验成果进行土层划分,分层统计本场地的静探指标。

静探孔编号：K29＋410　　CPT1

H/m	q_c/MPa	f_s/kPa	H/m	q_c/MPa	f_s/kPa
0.1	0.94	87.4	3.1	3.23	185.6
0.2	0.91	43.8	3.2	4.20	202.1
0.3	1.09	39.4	3.3	2.76	215.6
0.4	0.77	41.5	3.4	2.99	149.7
0.5	1.23	45.1	3.5	3.58	179.2
0.6	0.85	47.5	3.6	6.37	237.4
0.7	0.81	45.4	3.7	6.59	259.2
0.8	0.71	34.7	3.8	10.42	153.3
0.9	0.54	17.9	3.9	5.88	241.5
1.0	0.40	14.7	4.0	4.53	278.6
1.1	0.37	12.1	4.1	2.53	217.7
1.2	0.57	13.8	4.2	2.11	184.1
1.3	0.79	17.3	4.3	2.40	133.0
1.4	1.34	11.9	4.4	2.42	147.4
1.5	1.01	12.0	4.5	2.79	170.9
1.6	0.67	9.1	4.6	3.31	175.2
1.7	0.83	12.5	4.7	3.60	182.1
1.8	0.73	13.2	4.8	3.91	200.8
1.9	0.52	10.2	4.9	4.82	242.9
2.0	0.46	10.0	5.0	5.86	351.8
2.1	0.54	10.6	5.1	4.20	369.6
2.2	0.64	14.9	5.2	4.43	291.7
2.3	0.87	30.0	5.3	3.52	278.1
2.4	1.74	33.2	5.4	3.59	247.8
2.5	1.66	67.6	5.5	3.15	245.8
2.6	2.51	87.6	5.6	2.46	186.7
2.7	2.53	119.5	5.7	2.84	172.9
2.8	2.44	98.2	5.8	2.80	195.0
2.9	1.45	88.0	5.9	3.03	166.7
3.0	1.12	151.5	6.0	3.48	210.7

H/m	q_c/MPa	f_s/kPa	H/m	q_c/MPa	f_s/kPa
6.1	3.09	219.2	9.7	1.22	41.5
6.2	3.05	174.4	9.8	1.21	37.5
6.3	3.11	164.7	9.9	1.37	36.5
6.4	2.26	114.5	10.0	1.43	37.6
6.5	2.84	152.3	10.1	1.63	38.8
6.6	9.09	232.6	10.2	1.63	38.2
6.7	10.81	343.3	10.3	1.51	36.5
6.8	3.33	289.9	10.4	1.41	32.9
6.9	2.01	127.5	10.5	1.36	24.5
7.0	2.54	63.2	10.6	1.06	24.6
7.1	2.56	79.3	10.7	1.04	23.0
7.2	2.72	118.6	10.8	1.08	21.7
7.3	3.06	160.9	10.9	1.17	20.9
7.4	3.00	169.5	11.0	1.65	19.7
7.5	3.18	179.9	11.1	1.64	20.3
7.6	3.06	178.8	11.2	1.36	23.0
7.7	2.86	172.1	11.3	1.26	22.7
7.8	2.67	177.2	11.4	1.32	23.7
7.9	2.59	185.0	11.5	1.66	37.0
8.0	2.83	179.2	11.6	1.58	46.1
8.1	2.55	158.8	11.7	1.71	47.0
8.2	2.31	138.3	11.8	1.65	35.2
8.3	1.90	130.4	11.9	1.51	30.6
8.4	1.52	107.7	12.0	1.36	26.9
8.5	1.13	85.7	12.1	1.78	27.4
8.6	1.00	57.5	12.2	1.58	24.2
8.7	1.12	51.6	12.3	2.04	29.5
8.8	1.40	58.8	12.4	2.18	19.9
8.9	1.52	81.2	12.5	1.75	21.9
9.0	1.71	85.9	12.6	1.93	29.0
9.1	1.17	67.5	12.7	1.70	37.1
9.2	1.00	43.9	12.8	1.29	39.1
9.3	0.96	40.6	12.9	1.81	27.7
9.4	1.21	40.1	13.0	9.22	140.8
9.5	1.28	45.3	13.1	7.85	344.2
9.6	1.26	46.6	13.2	10.10	408.9

H/m	q_c/MPa	f_s/kPa
13.3	12.92	407.0
13.4	13.50	408.6
13.5	13.79	409.0
13.6	14.05	408.9

H/m	q_c/MPa	f_s/kPa
13.7	14.32	409.5
13.8	14.57	407.3
13.9	14.62	387.4
14.0	15.64	387.4

静探孔编号 K29＋460　CPT2

H/m	q_c/MPa	f_s/kPa
0.1	0.43	1.7
0.2	0.45	13.3
0.3	0.66	18.4
0.4	0.89	25.2
0.5	0.92	31.7
0.6	0.81	34.4
0.7	1.15	44.1
0.8	0.88	44.6
0.9	0.73	36.4
1.0	0.61	25.2
1.1	0.30	23.4
1.2	0.28	21.4
1.3	0.28	19.7
1.4	0.31	7.3
1.5	0.50	12.6
1.6	0.57	13.6
1.7	0.57	14.3
1.8	0.57	14.4
1.9	0.57	13.7
2.0	0.45	14.0
2.1	0.87	16.9
2.2	1.23	29.3
2.3	1.11	34.0
2.4	1.37	50.7
2.5	1.45	59.2
2.6	1.46	68.2
2.7	1.96	107.6
2.8	1.85	83.6
2.9	1.76	108.0

H/m	q_c/MPa	f_s/kPa
3.0	1.83	119.7
3.1	2.13	127.3
3.2	2.31	108.6
3.3	1.81	121.9
3.4	1.68	126.8
3.5	1.41	111.5
3.6	1.12	81.4
3.7	0.87	79.1
3.8	0.83	54.3
3.9	0.77	40.9
4.0	0.69	30.9
4.1	0.62	19.2
4.2	0.74	19.4
4.3	0.79	19.2
4.4	0.69	18.2
4.5	0.68	16.5
4.6	0.57	9.4
4.7	0.40	9.9
4.8	0.43	9.8
4.9	0.45	9.9
5.0	0.49	9.7
5.1	0.50	8.2
5.2	0.55	8.9
5.3	1.30	18.2
5.4	0.98	13.4
5.5	0.71	11.9
5.6	0.64	10.8
5.7	0.59	12.1
5.8	0.71	13.9

H/m	q_c/MPa	f_s/kPa	H/m	q_c/MPa	f_s/kPa
5.9	0.99	17.7	8.1	1.63	78.0
6.0	1.40	26.0	8.2	1.66	71.3
6.1	1.54	37.3	8.3	1.82	68.1
6.2	2.22	74.6	8.4	2.10	64.6
6.3	3.47	171.1	8.5	1.98	53.2
6.4	2.45	219.2	8.6	1.68	41.5
6.5	2.03	177.3	8.7	1.78	35.4
6.6	2.03	123.8	8.8	1.98	34.8
6.7	1.90	120.5	8.9	2.26	48.2
6.8	1.81	120.8	9.0	2.29	75.9
6.9	1.74	118.6	9.1	2.31	87.2
7.0	1.63	108.5	9.2	2.30	95.1
7.1	1.43	88.8	9.3	2.03	120.0
7.2	1.31	82.6	9.4	1.72	114.5
7.3	1.44	89.6	9.5	2.33	109.5
7.4	1.59	96.9	9.6	2.98	127.6
7.5	2.13	109.9	9.7	2.85	126.5
7.6	2.31	113.5	9.8	3.33	103.3
7.7	2.14	118.5	9.9	11.45	72.2
7.8	2.15	123.9	10.0	17.64	148.3
7.9	1.57	120.6	10.1	9.91	155.7
8.0	1.53	85.5			

静探孔编号：K29+510　　CPT3

H/m	q_c/MPa	f_s/kPa	H/m	q_c/MPa	f_s/kPa
0.1	0.01	69.6	1.2	1.18	54.9
0.2	0.57	12.1	1.3	1.22	59.7
0.3	0.76	14.9	1.4	1.25	59.6
0.4	0.66	17.9	1.5	1.75	67.4
0.5	0.77	25.0	1.6	2.94	109.6
0.6	1.30	40.8	1.7	2.71	135.7
0.7	1.21	50.6	1.8	3.08	161.2
0.8	0.87	43.5	1.9	3.37	191.0
0.9	1.25	50.3	2.0	2.94	199.8
1.0	1.22	59.5	2.1	2.73	184.2
1.1	1.14	57.3	2.2	2.47	162.2

H/m	q_c/MPa	f_s/kPa	H/m	q_c/MPa	f_s/kPa
2.3	1.60	140.2	5.8	2.27	128.5
2.4	1.31	102.0	5.9	2.38	130.7
2.5	2.06	104.6	6.0	4.46	172.5
2.6	2.10	73.8	6.1	3.92	204.9
2.7	1.69	71.8	6.2	3.73	251.2
2.8	2.09	92.5	6.3	4.32	258.5
2.9	2.24	126.8	6.4	4.63	265.8
3.0	1.88	145.9	6.5	4.23	248.3
3.1	1.83	120.4	6.6	3.42	222.2
3.2	1.62	109.3	6.7	4.03	234.6
3.3	1.55	101.9	6.8	2.28	180.7
3.4	1.75	110.5	6.9	17.47	233.0
3.5	1.86	102.0	7.0	17.22	493.8
3.6	2.53	159.4	7.1	16.46	552.7
3.7	2.29	162.9	7.2	14.60	496.1
3.8	2.63	160.1	7.3	10.83	456.5
3.9	2.27	145.3	7.4	7.27	194.9
4.0	2.74	132.9	7.5	3.57	263.3
4.1	3.01	189.9	7.6	4.34	235.7
4.2	2.96	200.3	7.7	5.69	216.0
4.3	2.76	192.2	7.8	6.99	326.4
4.4	2.48	138.7	7.9	4.66	265.6
4.5	2.45	153.8	8.0	5.17	300.0
4.6	2.31	167.4	8.1	6.21	321.0
4.7	2.51	180.1	8.2	6.95	346.4
4.8	2.26	162.8	8.3	5.03	334.0
4.9	2.51	152.8	8.4	4.50	251.6
5.0	2.44	128.9	8.5	6.27	359.2
5.1	2.34	117.8	8.6	7.48	394.6
5.2	2.31	116.3	8.7	6.02	374.1
5.3	2.45	120.5	8.8	4.59	365.3
5.4	2.62	126.9	8.9	4.19	271.1
5.5	1.97	110.8	9.0	3.76	221.7
5.6	1.77	95.1	9.1	3.61	177.9
5.7	2.31	79.8	9.2	2.61	143.3

H/m	q_c/MPa	f_s/kPa
9.3	5.10	261.6
9.4	6.45	353.2
9.5	4.69	280.6
9.6	3.67	226.2
9.7	5.68	253.0
9.8	5.79	292.5
9.9	7.49	333.8
10.0	8.05	396.7
10.1	7.23	269.4
10.2	6.90	391.0
10.3	6.27	399.7
10.4	3.56	281.0
10.5	3.75	195.4
10.6	2.86	180.6
10.7	4.58	224.5
10.8	6.89	324.8
10.9	6.85	423.0
11.0	7.44	467.5
11.1	6.37	502.3

H/m	q_c/MPa	f_s/kPa
11.2	9.40	465.4
11.3	15.92	484.2
11.4	15.64	698.2
11.5	17.88	421.6
11.6	18.32	209.6
11.7	18.07	345.3
11.8	20.17	152.5
11.9	14.95	312.9
12.0	20.25	336.0
12.1	20.40	348.3
12.2	20.39	361.8
12.3	20.83	507.1
12.4	12.48	589.3
12.5	16.26	629.2
12.6	16.55	736.8
12.7	17.63	765.2
12.8	18.00	766.9
12.9	19.55	769.6
13.0	18.67	769.6

静探孔编号：K29+560　　CPT4

H/m	q_c/MPa	f_s/kPa
0.1	0.23	96.9
0.2	0.53	5.8
0.3	0.66	13.6
0.4	1.01	23.0
0.5	0.88	32.3
0.6	1.37	50.1
0.7	1.84	87.9
0.8	1.71	83.8
0.9	1.29	70.6
1.0	1.25	55.5
1.1	1.24	56.3
1.2	1.35	55.6
1.3	1.26	41.7

H/m	q_c/MPa	f_s/kPa
1.4	1.80	50.4
1.5	1.43	50.9
1.6	1.48	47.6
1.7	1.72	87.1
1.8	2.48	114.9
1.9	1.80	107.2
2.0	1.12	78.0
2.1	0.67	43.9
2.2	0.60	31.2
2.3	0.69	29.5
2.4	0.78	32.2
2.5	0.93	39.7
2.6	1.04	41.9

H/m	q_c/MPa	f_s/kPa	H/m	q_c/MPa	f_s/kPa
2.7	1.05	40.6	6.3	1.83	144.3
2.8	1.14	41.6	6.4	1.81	145.3
2.9	1.15	43.0	6.5	1.82	139.1
3.0	1.22	48.4	6.6	1.84	132.8
3.1	1.32	62.9	6.7	2.03	130.5
3.2	1.50	75.9	6.8	2.03	135.6
3.3	1.88	109.2	6.9	2.00	144.0
3.4	1.91	131.7	7.0	1.97	144.1
3.5	1.93	137.6	7.1	1.81	149.3
3.6	1.92	144.1	7.2	1.71	142.7
3.7	1.77	141.3	7.3	1.38	114.1
3.8	1.69	136.4	7.4	2.00	106.0
3.9	1.64	131.8	7.5	2.39	112.2
4.0	1.65	126.2	7.6	2.50	126.0
4.1	1.72	123.2	7.7	2.31	133.9
4.2	1.81	120.8	7.8	2.04	106.3
4.3	1.86	118.9	7.9	2.11	102.6
4.4	1.89	118.1	8.0	1.96	101.6
4.5	1.88	116.1	8.1	1.89	93.8
4.6	1.88	96.1	8.2	1.98	94.9
4.7	1.95	84.5	8.3	1.91	103.8
4.8	1.96	56.3	8.4	2.33	98.7
4.9	1.66	68.8	8.5	2.64	93.4
5.0	2.06	70.2	8.6	2.47	108.3
5.1	2.19	70.2	8.7	1.82	129.0
5.2	2.27	76.5	8.8	1.71	127.4
5.3	2.29	87.8	8.9	1.54	127.4
5.4	2.27	99.4	9.0	1.49	110.1
5.5	2.25	109.7	9.1	1.19	92.7
5.6	2.27	115.8	9.2	1.59	96.6
5.7	2.28	118.4	9.3	2.82	110.5
5.8	2.28	132.0	9.4	4.17	152.4
5.9	2.25	151.3	9.5	4.63	219.2
6.0	2.16	160.6	9.6	4.11	200.4
6.1	2.01	154.2	9.7	4.33	216.4
6.2	1.87	144.6	9.8	4.93	222.1

H/m	q_c/MPa	f_s/kPa		H/m	q_c/MPa	f_s/kPa
9.9	5.19	238.1		11.8	10.13	285.5
10.0	5.28	224.0		11.9	9.98	318.1
10.1	7.77	280.7		12.0	10.25	399.0
10.2	4.43	322.9		12.1	9.42	457.5
10.3	4.95	309.2		12.2	9.07	452.8
10.4	5.11	297.4		12.3	9.37	450.7
10.5	4.90	273.6		12.4	9.02	448.0
10.6	3.54	254.7		12.5	10.48	406.8
10.7	5.08	229.2		12.6	9.14	391.1
10.8	5.41	237.1		12.7	7.83	383.5
10.9	5.35	262.5		12.8	5.86	345.3
11.0	5.01	279.1		12.9	7.52	340.1
11.1	4.84	266.4		13.0	7.62	281.5
11.2	5.29	273.9		13.1	10.11	333.0
11.3	4.74	277.9		13.2	10.69	474.7
11.4	5.69	273.3		13.3	8.41	435.9
11.5	6.06	261.2		13.4	7.71	396.9
11.6	6.92	258.0		13.5	5.57	396.9
11.7	9.15	270.5				

B5 十字板剪切试验资料整理训练题

利用所提供的十字板剪切试验结果见附表 B5-1,绘制土的不排水抗剪强度、重塑土抗剪强度和土的灵敏度随深度的变化曲线。

附表 B5-1 十字板剪切试验结果

试验点深度/m	峰值强度/kPa	残余强度/kPa
2.0	23.1	5.8
3.0	33.4	8.0
4.0	28.6	7.2
5.0	34.7	10.5
6.0	31.1	7.6
7.0	36.5	9.6
8.0	39.5	8.7
12.0	34.2	6.8
13.0	36.0	7.1
14.0	34.3	7.5
15.0	36.9	7.8
16.0	37.0	8.7

试验点深度/m	峰值强度/kPa	残余强度/kPa
17.0	39.1	8.8
18.0	40.2	9.1
19.0	42.4	9.4
20.0	42.5	10.2
21.0	47.0	11.0
22.0	49.1	11.1
23.0	51.0	12.9
24.0	52.2	12.9
25.0	54.9	14.0

B6　扁铲侧胀试验资料整理训练题

根据附表 B6-1 扁铲侧胀试验资料,对测试结果进行修正,确定中间参数指标和扁铲模量 M_{DMT};绘制各指标沿深度的关系曲线。

附表 B6-1　扁铲侧胀试验资料

项目名称:淮盐高速公路盐城段长板-短桩工法试验研究

项目地点:淮盐高速公路盐城段 14 标 DK1 孔　　　测试日期:2003-4-25—4-30

DMT 设备:DMT-1 型　　　　　　　　　　地下水埋深:1.3 m

深度/m	A/kPa	B/kPa	C/kPa	深度/m	A/kPa	B/kPa	C/kPa
	DA=14	DB=67					
2.0	88	219		9.2	169	420	
2.2	87	221		9.4	192	532	
2.4	97	210		9.6	193	394	
2.6	79	162		9.8	261	355	
2.8	108	203		10.0	307	406	
3.0	97	198		10.2	339	460	
3.2	107	193		10.4	330	450	
3.4	132	221		10.6	315	419	
3.6	102	184		10.8	302	410	
3.8	116	216		11.0	329	451	
4.0	105	252		11.2	332	454	
4.2	111	233		11.4	364	482	
4.4	124	231		11.6	350	459	
4.6	134	248		11.8	372	487	

深度/m	A/kPa	B/kPa	C/kPa	深度/m	A/kPa	B/kPa	C/kPa
4.8	122	239		12.0	349	470	
5.0	126	244		12.2	377	486	
5.2	143	269		12.4	379	483	
5.4	165	278		12.6	397	513	
5.6	192	287		12.8	294	422	
5.8	147	270		13.0	279	679	
6.0	163	268		13.2	315	448	
6.2	179	356		13.4	388	507	
6.4	201	301		13.6	381	512	
6.6	203	339		13.8	385	508	
6.8	179	387		14.0	400	524	
7.0	160	474		14.2	404	507	
7.2	202	310		14.4	392	526	
7.4	184	461		14.6	423	570	
7.6	185	317		14.8	439	579	
7.8	195	444		15.0	400	556	
8.0	188	340		15.2	416	670	
8.2	206	334					
8.4	201	473		$DA=16$	$DB=69$		事后
8.6	189	381					
8.8	178	577					
9.0	210	595					

根据本场地其他勘探资料,浅层地基土分层如附表 B6-2 所示。

附表 B6-2 浅层地基土分层情况

编号	土层名称	层底深度/m
①	耕土/填土	2.0
②	淤泥质分支黏土	6.3
③	砂质粉土	9.5
④	黏土(夹薄层细砂)	15.6

B7　旁压试验资料整理训练题

附 B7-1　旁压试验记录表

工程名称	TenNate	钻孔编号	ZK05	试验编号	CH-T-321	成孔方式	螺旋钻孔
孔口标高/m	5.600	试验深度/m	7.20	地下水位/m	15.28		PM-03
测管水位与孔口高差/m	1.10	旁压器测量腔静水压力 p_w/kPa		弹性膜标定编号			0.80
旁压器型号	PY1-A	综合标定系数		测管截面积/cm²		固有体积/cm³	491
地层描述	粉质黏土、饱和、可塑状、土层均匀						

压力/kPa 压力表读数 p_m	校正值 p_i	校正后 p	测压管水位下降值 s_m/cm 30 s	60 s	120 s	校正值 δ_s	校正后 s	体积膨胀量/cm³ 校正后 V	蠕变值 ΔV
40			2.80	2.85	2.99				
80			3.40	3.47	3.51				
120			4.01	4.12	4.22				
160			4.62	4.65	4.78				
200			5.24	5.28	5.31				
240			6.05	6.17	6.13				
280			7.22	7.27	7.35				
320			9.25	9.32	9.50				
360			13.36	13.50	13.78				
400									
440									
480									

测试：　　　　　记录：　　　　　校核：　　　　　测试日期：

B8 现场直接剪切试验资料整理训练题

附表 B8-1 现场直剪试验数据表

工程编号：

工程名称：　　　　　　　　　　地址：

试块尺寸：0.7长(m)　0.7宽(m)　0.3高(m)　　试验编号：

岩性描述：

试块界面参数及性质描述：　　剪切面尺寸：0.7m×0.7m　初始剪切面积：0.49m²

粗糙程度：

倾角：

1 时间/min	2 法向力 P_n 读数	实际取值	3 法向位移 Δn 读数 1	2	3	4	均值/mm	4 切向力 P_s 读数	实际取值/kN	5 切向位移 Δs 读数 1	2	均值/mm	6 接触面积 A（修正后）/m²	7 σ_n/MPa	8 τ/MPa
		24.50							4.00	1.02	1.07				
		24.50							3.36	1.21	1.29				
		24.50							8.06	1.52	1.54				
		24.50							13.77	1.83	1.90				
		24.50							16.79	2.21	2.18				
		24.50							17.47	2.45	2.48				
		24.50							18.14	2.71	2.80				
		24.50							18.14	3.10	3.02				
		24.50							17.47	3.30	3.36				
		24.50							17.47	3.65	3.63				
		24.50							17.80	3.93	4.00				
		24.50							17.47	4.21	4.27				
		24.50							17.47	4.57	4.56				
		24.50							17.13	4.87	4.82				
		24.50							17.80	5.01	5.03				
		49.00							0.05	1.01	1.02				
		49.00							0.34	1.20	1.24				
		49.00							8.73	1.50	1.57				
		49.00							19.48	1.81	1.91				
		49.00							31.24	2.10	2.14				

续表

1 时间/min	2 法向力 P_n 读数	2 法向力 P_n 实际取值	3 法向位移 Δn 读数 1	3 读数 2	3 读数 3	3 读数 4	3 均值/mm	4 切向力 P_s 读数	4 实际取值/kN	5 切向位移 Δs 读数 1	5 读数 2	5 均值/mm	6 接触面积 A（修正后）/m²	7 σ_n/MPa	8 τ/MPa
		49.00							43.66	2.40	2.45				
		49.00							41.31	2.71	2.76				
		49.00							35.60	3.00	3.03				
		49.00							33.25	3.32	3.35				
		49.00							32.58	3.61	3.69				
		49.00							31.57	3.90	3.94				
		49.00							30.56	4.20	4.22				
		49.00							30.23	4.50	4.59				
		49.00							29.56	4.80	4.86				
		49.00							29.89	5.00	5.02				
		73.50							11.76	1.01	1.05				
		73.50							21.16	1.28	1.27				
		73.50							32.58	1.51	1.55				
		73.50							47.02	1.80	1.81				
		73.50							59.79	2.11	2.23				
		73.50							61.13	2.40	2.49				
		73.50							55.75	2.73	2.73				
		73.50							51.72	3.01	3.01				
		73.50							49.37	3.26	3.30				
		73.50							47.69	3.61	3.70				
		73.50							46.35	3.91	3.97				
		73.50							45.01	4.21	4.21				
		73.50							43.66	4.50	4.58				
		73.50							42.32	4.80	4.89				
		73.50							41.98	5.01	5.08				
		98.00							9.18	1.00	1.06				

续表

1 时间/min	2 法向力 P_n		3 法向位移 Δn					4 切向力 P_s		5 切向位移 Δs			6 接触面积 A (修正后)/m²	7 σ_n /MPa	8 τ /MPa
	读数	实际取值	读数				均值/mm	读数	实际取值/kN	读数		均值/mm			
			1	2	3	4				1	2				
		98.00							16.79	1.21	1.29				
		98.00							35.27	1.50	1.54				
		98.00							56.09	1.81	1.85				
		98.00							68.52	2.00	2.13				
		98.00							90.01	2.40	2.49				
		98.00							84.64	2.72	2.74				
		98.00							76.58	3.00	3.08				
		98.00							73.56	3.28	3.32				
		98.00							71.54	3.61	3.70				
		98.00							70.20	3.89	3.91				
		98.00							69.86	4.20	4.29				
		98.00							69.19	4.49	4.51				
		98.00							69.86	4.81	4.81				
		98.00							69.75	5.00	5.04				

标定数据

附注

试验人员： 审核人员：

试验日期： 审核日期：

B9 综合训练——工程地质勘察报告编写

经建设方委托,某勘察设计院在某拟建场区进行了施工图设计阶段的工程地质勘察工作。勘察点的平面位置见附图 B9-1,各钻孔的坐标及标高见附表 B9-1。

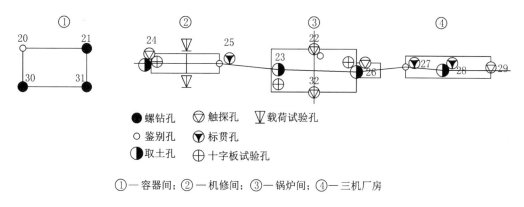

● 螺钻孔　▽ 触探孔　▽ 载荷试验孔
○ 鉴别孔　● 标贯孔
◐ 取土孔　⊕ 十字板试验孔

①—容器间;②—机修间;③—锅炉间;④—三机厂房

附图 B9-1

勘察单位依据现行岩土工程勘察规范开展勘察工作。经现场勘探,场地地下水稳定水位:0.7m,取得的地层钻孔资料见附表 B9-2。附表 B9-3 为土工试验成果表,附表 B9-4、附表 B9-5、附表 B9-6 分别为静力触探试验、标准贯入试验、十字板剪切试验资料的统计结果,附表 B9-7 为载荷试验的中间结果。附表 B9-8 为根据附表 B9-3 得到的土工参数土层分层统计结果,供参考。

附表 B9-1 钻孔坐标及孔口标高一览表

孔号	坐标		高程 /m
	Y/m	X/m	
20	75.00	12.80	3.23
21	75.00	55.80	3.42
22	75.00	145.00	3.34
23	61.50	127.50	3.31
24	58.50	62.80	3.46
25	58.50	94.80	3.41
26	59.25	175.00	3.34
27	59.25	199.00	3.38
28	59.25	226.00	3.38
29	59.25	253.00	3.41
30	46.50	12.80	3.40
31	46.50	55.80	3.45
32	46.50	145.00	3.33

附表 B9-2　钻探成果资料一览表

孔号	层次	层底深度/m	土名	岩性特点				
				颜色	湿度	状态	密度	其他
20	1	1.20	亚黏土	黄褐	稍湿	可塑		上部 0.3～0.4 耕土,含云母
	2	3.60	淤泥质黏土	褐灰～灰	很湿	软塑		含云母,有机质,贝壳,层理不明显
	3	6.00	淤泥质亚黏土	灰	很湿	软塑		含云母,具层理,夹粉砂薄夹层
	4	>10.00	淤泥质亚黏土	灰	很湿	软塑		含云母,有机质,具层理夹有粉砂薄层
21	1	1.20	亚黏土	黄褐	稍湿	可塑		上部 0.3～0.4 耕土,含云母
	2	3.80	淤泥质黏土	褐灰	很湿	软塑		含云母,有机质,少量贝壳,层理不明显
	3	>6.00	淤泥质亚黏土	灰	很湿	软塑		含云母,有机质,具层理
22	1	1.30	亚黏土	黄褐	稍湿	可塑		上部 0.3～0.4 耕土,块状
	2	4.30	淤泥质黏土	褐灰～灰	很湿	软塑		含云母,有机质,具层理不明显
	3	6.20	淤泥质亚黏土	灰	很湿	软塑		含云母,有机质,具层理,夹粉砂薄夹层
	4	17.80	淤泥质黏土	灰	很湿	软塑		含云母,有机质,下部粉砂夹层多
	5	25.40	细粉中砂	灰	饱和		中密～密	以细砂为主,混黏土块,少量贝壳
	6	31.00	亚黏土	灰	很湿	可塑		含云母,植物残根基及云贝壳
	7	38.20	黏土	灰～灰绿	很湿	可塑		含草根,块状
	8	45.40	亚黏土	灰	很湿	可塑		含云母,贝壳,层理不明显
	9	46.30	黏土	深褐	稍湿	可塑		裂隙,块状
	10	49.10	亚黏土	绿灰	湿	可塑		含云母,有机质及粉砂夹层
	11	50.70	细、中砂	黄灰	饱和		中密	夹薄层黏土
	12	60.10	亚黏土	灰	湿	可塑		含少量小砾石有小气孔
23	1	1.30	亚黏土	黄褐	稍湿	可塑		上部 0.3～0.4 耕土
	2	4.35	淤泥质黏土	褐灰	很湿	软塑		含云母,有机质,层理不明显
	3	7.25	淤泥质亚黏土	灰	很湿	软塑		具明显层理

续表

孔号	层次	层底深度/m	土名	岩性特点				
				颜色	湿度	状态	密度	其他
23	4	17.20	淤泥质黏土	灰	很湿	软塑		下部粉砂夹层多
	5	25.00	细粉中砂		饱和		中密	细砂为主，夹粉砂黏土
	6	32.50	亚黏土	灰	很湿	可塑		含植物根茎、贝壳
	7	36.50	黏土	灰	很湿	可塑		含草根、块状
	8	45.75	亚黏土	灰	很湿	可塑		含云母、有机质
	9	>46.30	黏土	绿褐	湿	硬塑		块状
24	1	1.10	亚黏土	黄褐	稍湿	可塑		上部0.3~0.4 m耕土
	2	4.00	淤泥质黏土	褐灰	很湿	软塑		含云母、有机质，贝壳层理不明显
	3	7.30	淤泥质亚黏土	灰	很湿	软塑		含云母、有机质，具层理，夹粉砂薄层
	4	17.40	淤泥质黏土	灰	很湿	软塑		含云母、有机质，具层理，间夹粉砂层
	5	24.20	细粉中砂	灰	饱和	软塑	中密~密	
	6	29.30	亚黏土	灰	很湿	可塑		层理不明显
	7	>30.10	黏土	灰	很湿	可塑		含草根、块状
25	1	1.30	亚黏土	黄褐	稍湿	可塑		上部0.3~0.4 m耕土
	2	3.60	淤泥质黏土	褐灰~灰	很湿	软塑		含云母、有机质，少量贝壳
	3	7.50	淤泥质亚黏土	灰	很湿	软塑		含云母、有机质，具层理夹砂层多
	4	17.30	淤泥质黏土	灰	很湿	软塑		含云母、有机质，下部夹粉砂夹层多
	5	24.10	细粉中砂	灰	饱和		中密~密	有软夹层
	6	>25.00	亚黏土	灰	很湿	可塑		含草根、植物根茎
26	1	1.25	亚黏土	黄褐	稍湿	可塑		上部0.3~0.4 m耕土
	2	3.30	淤泥质黏土	褐灰~灰	很湿	软塑		含云母、有机质，少量贝壳
	3	7.50	淤泥质亚黏土	灰	很湿	软塑		含云母、有机质，夹薄层理（砂层）
	4	17.40	淤泥质黏土	灰	很湿	软塑		含云母、有机质，下部夹粉砂多
	5	24.30	细粉中砂	灰	饱和		中密~密	夹软黏土、粉砂多夹层
	6	33.75	亚黏土	灰	很湿	可塑		间夹黏土夹层

续表

孔号	层次	层底深度/m	土名	岩性特点 颜色	湿度	状态	密度	其他
26	7	37.75	黏土	灰绿	很湿	可塑		块状
	8	40.68	亚黏土	灰	很湿	可塑		含云母,少量贝壳,层里不明显
	9	>46.60	黏土	褐	湿	硬塑		裂隙块状
27	1	1.10	亚黏土	黄褐	稍湿	可塑		上部0.3～0.4 m耕土,块状
	2	4.00	淤泥质黏土	褐灰	很湿	软塑		含云母,有机质,贝壳
	3	7.25	淤泥质亚黏土	灰	很湿	软塑		含云母,有机质具层里(薄砂层)
	4	17.40	淤泥质黏土	灰	很湿	软塑		含云母,有机质,夹粉砂薄夹层
	5	24.40	细粉中砂	灰	饱和		中密	混黏土块
	6	>25.20	亚黏土	灰	很湿	可塑		含云母,植物根茎,少量贝壳
28	1	1.20	亚黏土	黄褐	稍湿	可塑		上部0.3～0.4m耕土
	2	3.50	淤泥质黏土	褐灰～灰	很湿	软塑		含云母,有机质,层里不明显
	3	7.80	淤泥质亚黏土	灰	很湿	软塑		含云母,有机质,层理层理明显
	4	17.40	淤泥质黏土	灰	很湿	软塑		下部夹细砂夹层
	5	23.95	细粉中砂	灰	饱和		中密～密	以细粉砂为主,少量贝壳
	6	>30.00	黏土	灰	稍湿	可塑		含植物根茎
30	1	1.20	亚黏土	黄褐	稍湿	可塑		
	2	3.60	淤泥质亚黏土	褐灰	很湿	软塑		
	3	6.10	淤泥质亚黏土	灰	很湿	软塑		
	4	>10.00	淤泥质亚黏土	灰	很湿	软塑		
31	1	1.10	亚黏土	黄褐	稍湿	可塑		
	2	3.80	淤泥质亚黏土	褐灰	很湿	软塑		
	3	6.10	淤泥质亚黏土	灰	很湿	软塑		
	4	>10.00	淤泥质亚黏土	灰	很湿	软塑		

附表 B9-3　土工试验成果表

土样编号	取土深度	土名	1 ω/%	2 r/(g·cm⁻²)	3 G	4 e_0	5 α_{1-2}	6 φ	7 c/kPa	8 ω_L	9 ω_P	10 I_P	11 q_u/kPa	e-p 曲线，当 p/kPa 为 50	100	200	300	400	500	600
23-1	0.85	粉质黏土	31.2	1.89	2.73	0.90		14°	24	37	20.3	16.7								
—2	1.20	粉质黏土	32.4	1.87	2.73	0.93	0.044			35.9	21.1	14.8	16	0.862	0.832	0.788				
—3	2.45	淤泥质黏土	52.2	1.75	2.73	1.38				49.3	22.5	26.8								
—4	3.35	淤泥质黏土	50.9	1.78	2.73	1.31	0.132	15°	12	42.5	22.2	20.3		1.201	1.112	0.980				
—5	4.35	淤泥质黏土	52.7	1.74	2.73	1.40				39.8	22.2	17.6								
—6	5.30	淤泥质亚黏土	42.8	1.77	2.72	1.19				35.6	19.9	15.7	26							
—7	6.25	淤泥质亚黏土	42.8	1.79	2.73	1.18	0.085	15°	12	34.8	19.9	14.9		1.112	1.071	0.988				
—8	7.25	淤泥质亚黏土	44.5	1.79	2.73	1.20				37.7	21.6	16.1	37							
—9	8.25	黏土	39.5	1.67	2.74	1.28	0.188			42.2	22.3	19.9								
—10	9.25	淤泥质黏土	54.9	1.71	2.74	1.48				46.9	22.4	24.5								
—11	10.25	淤泥质黏土	48.9	1.68	2.74	1.43				45.2	21.1	24.1								
—12	12.25	淤泥	52.8	1.66	2.74	1.52	0.127			39.4	20.0	19.4	34	1.390	1.317	1.190				
—13	14.25	淤泥	53.0	1.64	2.73	1.55				36.6	19.7	16.9								
—14	16.25	淤泥质黏土	49.1	1.71	2.73	1.38	α_{1-3} 0.011	10°	22	43.3	23.0	20.3								
—15	18.25	细砂	28.4	1.90	2.69	0.82														
—16	20.25	细砂	35.7	1.81	2.68	1.01	0.049							0.941	0.903	0.849	0.805			
—17	22.25	细砂	22.9	1.87	2.69	0.76	0.026							0.721	0.698	0.666	0.646			
—18	24.25	粉砂夹黏土	29.4	1.92	2.70	0.82	0.022						79	0.792	0.772	0.747	0.729			
—19	26.25	粉质黏土	33.0	1.86	2.72	0.94		16°	24	34.4	17.6	16.8								
—20	29.25	粉质黏土	31.9	1.84	2.72	0.95	α_{1-4} 0.043			31.7	18	13.7		1.026	0.995	0.953	0.91	0.867		
—21	31.25	淤泥质亚黏土	36.2	1.78	2.72	1.07				31.7	19.7	12.0								
—22	34.75	黏土	44.5	1.78	2.73	1.22				46.6	24.9	21.7	115							
—23	36.30	黏土	36.3	1.81	2.73	1.06	0.036			47.2	24.4	22.8		1.017	0.989	0.946	0.912	0.882		
—24	43.75	淤泥质亚黏土	33.9	1.81	2.72	1.01	α_{1-5}			33.3	19.2	14.1	0.56							

续表

土样编号	取土深度	土名	1 ω/%	2 r/(g·cm⁻²)	3 G	4 e_0	5 α_{1-2}	6 φ	7 c/kPa	8 ω_L	9 ω_P	10 I_P	11 q_n/kPa	e-p曲线 当p/kPa为 50	100	200	300	400	500	600
—25	45.75	轻亚黏土	38.3	1.72	2.73	1.20	0.041			31.6	21.7	9.9		1.175	1.148	1.088	1.045	1.014	0.984	0.760
—26	46.25	黏土	30.5	1.95	2.74	0.83	0.012			41.9	20.0	21.9		0.819	0.813	0.803	0.792	0.782	0.770	0.770
24—1	1.00	粉质黏土	33.1	1.86	2.73	0.96	0.041			35.6	20.4	15.2	35	0.917	0.889	0.848				
—2	1.65	淤泥质黏土	44.5	1.87	2.73	1.11				43.3	24.5	18.8								
—3	2.25	淤泥	55.0	1.69	2.74	1.51	0.158			45.8	23.4	22.4		1.404	1.316	1.158				
—4	3.30	淤泥	46.5	1.74	2.74	2.34		19°	11	42.9	22.5	20.4	13							
—5	4.25	淤泥质黏土	43.0	1.79	2.73	1.18				39.9	21.1	18.8								
—6	5.25	淤泥质亚黏土	37.0	1.84	2.72	1.03	0.048			32.6	24.0	8.6		0.970	0.937	0.889				
—7	6.20	淤泥质黏土	42.8	1.85	2.74	1.12				38.5	19.9	18.6	48							
—8	7.30	淤泥质亚黏土	55.0	1.77	2.74	1.40	0.099	11.5°	17	34.1	22.1	12.0		1.323	1.277	1.176				
—9	8.30	淤泥质黏土	53.2	1.73	2.74	1.43				42.8	22.5	20.3								
—10	9.30	淤泥质黏土	53.2	1.71	2.74	1.38				45.2	22.8	22.4	32							
—11	10.90	淤泥质黏土	54.9	1.72	2.74	1.46	0.112	15°	12	29.9	22.5	17.4		1.347	1.281	1.169				
—12	12.00	淤泥质黏土	49.2	1.73	2.73	1.36				45.2	22.6	22.6								
—13	15.00	淤泥	54.3	1.66	2.74	1.54	0.078 (α_{1-3})			41.5	20.6	20.9	27							
—14	16.95	淤泥质黏土	48.1	1.72	2.73	1.36	0.011			42.9	23.1	19.8		1.225	1.156	1.068	1.001			
—15	18.25	细砂	28.4	1.90	2.69	0.82	0.049							0.581	0.568	0.551	0.540			
—16	20.25	细砂	35.7	1.81	2.68	1.01	0.026							0.815	0.803	0.784	0.772			
—17	22.25	细砂	22.9	1.87	2.69	0.76	0.002							0.786	0.769	0.745	0.727			
—18	24.25	粉砂夹黏土	29.4	1.92	2.70	0.82	0.038							0.869	0.856	0.834	0.818			
—19	24.85	轻亚黏土	32.4	1.80	2.72	1.00				27.0	17.2	9.8	64	0.941	0.909	0.864	0.833			
—20	25.85	粉质黏土	30.1	1.80	2.73	1.10	0.028			26.0	20.1	15.8		0.806	0.782	0.75	0.727			
—21	27.25	轻亚黏土	30.4	1.92	2.72	0.85				29.4	21.3	8.1								
—22	28.25	粉质黏土	29.7	1.85	2.72	0.91				30.9	20.3	10.4	37							

续表

土样编号	取土深度	土名	1 $\omega/\%$	2 $r/(\text{g·cm}^{-2})$	3 G	4 e_0	5 α_{1-2}	6 φ	7 c/kPa	8 ω_L	9 ω_P	10 I_P	11 $q_n/(\text{kPa})$	\multicolumn{7}{c}{e-p 曲线　当 p/kPa 为}						
														50	100	200	300	400	500	600
一-23	29.30	粉质黏土	32.1	1.84	2.73	1.03	0.035			33.7	19.9	13.8		0.981	0.954	0.914	0.884			
一-24	30.05	淤泥质黏土	39.9	1.80	2.74	1.12				39.4	20.7	18.7	0.76							
26-1	1.05	粉质黏土	34.1	1.88	2.73	0.95		16°	17	37.9	21.0	16.9	10							
一-2	1.55	黏土	41.8	1.84	2.73	1.10	0.041			42.0	23.0	19.0		1.268	1.160	1.010				
一-3	2.30	黏土	49.7	1.72	2.74	1.38		16.5°	9	51.5	23.2	28.3	35							
一-4	3.30	淤泥质黏土	46.7	1.75	2.73	1.29				40.1	21.1	19.0		1.208	1.136	1.016				
一-5	4.30	淤泥质亚黏土	42.0	1.81	2.73	1.14				35.9	22.3	13.6								
一-6	5.30	淤泥质亚黏土	48.4	1.77	2.73	1.29	0.120	14.5°	18	40.1	20.8	19.3								
一-7	6.30	淤泥质亚黏土	44.0	1.79	2.73	1.20				38.4	21.8	16.6	37							
一-8	7.50	淤泥	45.6	1.75	2.73	1.27	0.170			36.4	22.5	13.9		1.419	1.345	1.175				
一-9	8.30	淤泥	52.3	1.66	2.74	1.51				51.3	26.2	25.1								
一-10	9.30	淤泥	59.8	1.73	2.74	1.53		4.5°	28	44.1	21.5	22.6	38							
一-11	10.30	淤泥质黏土	47.7	1.73	2.74	1.34	0.117			41.5	23.1	18.4		1.276	1.209	1.092				
一-12	11.80	淤泥质黏土	47.0	1.70	2.74	1.37				46.8	23.1	23.7								
一-13	13.30	淤泥质黏土	52.7	1.70	2.74	1.46		9.5°	21	50.8	24.4	26.4	30							
一-14	14.80	淤泥质亚黏土	49.7	1.76	2.74	1.33	α_{1-3} 0.108			35.5	19.2	16.3		1.438	1.366	1.258	1.150			
一-15	16.30	淤泥质黏土	52.0	1.64	2.74	1.54				57.4	24.7	26.7								
一-16	17.70	细砂																		
一-17	19.80	粉砂夹黏土	32.1	1.87	2.68	0.89	0.019							0.869	0.856	0.834	0.818			
一-18	21.75	细砂																		
一-19	23.70	细砂	32.5	1.82	2.68	0.95	0.014							0.936	0.924	0.908	0.897			
一-20	25.75	粉质黏土	41.4	1.72	2.74	1.25	0.064			42.8	21.3	21.5	88	1.195	1.149	1.083	1.021			
一-21	27.75	黏土	33.5	1.91	2.73	0.91	0.052			33.2	20.2	13.0		1.212	1.175	1.117	1.071			
一-22	29.75	黏土	44.0	1.75	2.73	1.25				50.2	25.1	25.1	131							
一-23	31.75	黏土	36.3	1.79	2.73	1.08				39.4	20.4	19.0								
一-24	33.75	粉质黏土	42.5	1.83	2.73	1.12				32.4	20.3	12.1								
一-25	35.75	黏土	41.9	1.75	2.74	1.22				47.2	25.3	21.9	139							
一-26	37.75	黏土	43.83	1.76	2.74	1.24	0.048			52.7	25.2	27.5		1.214	1.193	1.156	1.122	1.090		

续表

土样编号	取土深度	土名	ω/% (1)	γ/(g·cm^{-2}) (2)	G (3)	e_0 (4)	α_{1-2} (5)	φ (6)	c/(kPa) (7)	ω_L (8)	ω_P (9)	I_P (10)	q_n/(kPa) (11)	e-p曲线 当p/kPa为 50	100	200	300	400	500	600
—27	39.75	粉质黏土	33.0	1.83	2.71	0.97	α_{1-4}	18.5°	15	36.9	24.8	12.1	88	0.894	0.884	0.871	0.858	0.847	0.835	0.823
—28	41.75	轻亚黏土	27.8	1.88	2.70	0.83	0.034			33.7	25.3	8.4								
—29	45.95	黏土	31.8	1.89	2.70	0.91	α_{1-6} 0.012			48.7	24.3	24.4								
28—1	0.80	粉质黏土	32.6	1.89	2.73	0.92				36.4	20.9	15.5								
—2	1.00	粉质黏土	34.5	1.89	2.73	0.94	0.051			36.2	22.1	14.1		0.887	0.852	0.801				
—3	2.25	淤泥质黏土	45.6	1.82	2.73	1.18				43.4	22.0	21.4	17							
—4	3.25	黏土	43.8	1.75	2.73	1.24	0.123	15°	9	44.4	21.3	23.1		1.133	1.05	0.927				
—5	4.25	淤泥质亚黏土	48.8	1.77	2.73	1.29				35.7	20.7	15.0								
—6	5.25	淤泥质亚黏土	42.1	1.77	2.73	1.20	0.085			36.2	20.5	15.7	25							
—7	6.25	淤泥质亚黏土	40.9	1.79	2.73	1.14				35.6	19.1	16.5		1.061	1.004	0.919				
—8	7.25	淤泥质黏土	41.1	1.82	2.74	1.11		8.0°	17	38.6	21.6	17.0	47							
—9	8.25	淤泥质黏土	53.7	1.72	2.74	1.45	0.140			42.3	22.4	19.9								
—10	9.25	淤泥质黏土	52.7	1.74	2.74	1.40				49.6	24.4	25.2		1.360	1.324	1.264	1.124			
—11	10.25	淤泥质黏土	55.4	1.75	2.74	1.44		17.5°	8	50.2	23.4	26.8	51							
—12	11.70	淤泥质黏土	50.4	1.69	2.74	1.44	0.124			42.8	23.2	19.6								
—13	13.25	淤泥质亚黏土	50.9	1.68	2.74	1.46				47.1	23.5	23.6		1.339	1.26	1.136				
—14	16.30	淤泥夹亚黏土	47.1	1.77	2.74	1.28				44.8	23.6	21.2	36							
—15	17.75	细砂												1.85	77.5	18				
—16	19.20	细砂夹黏土												3	53	18	4	5	17	
—17	19.95	细砂夹黏土												10	43	17	6	6	18	
—18	20.85	细砂												42	53	5				
—19	21.95	细砂												5	87	8				
—20	23.95	细砂夹黏土												6	57	21.8	8	3	42	
—21	26.75	淤泥质亚黏土	37.4	1.80	2.73	1.08	0.046			35.5	18.8	16.7		1.037	0.996	0.946	0.904			
—22	27.75	黏土	42.5	1.83	2.73	1.12	0.048	12°	5	38.2	20.1	18.1		1.086	1.051	0.999	0.956			
—23	20.75	黏土	42.0	1.77	2.74	1.2	α_{1-4} 0.051			45.5	23.9	21.6		1.166	1.114	1.048	0.999	0.962		
—24	30.00	黏土	41.9	1.75	2.74	1.22				46.8	24.1	22.7								

注：土样编号 —15～—20 的 e-p曲线栏为颗分资料（粒径分组：0.5~0.25、0.25~0.1、0.1~0.05、0.05~0.01、0.01~0.005、<0.005）。

附表 B9－4　静力触探成果资料整理结果一览表

土　层		孔号 $\dfrac{\text{孔口标高}}{\text{孔深}}$				
		$22\dfrac{3.34}{47.0}$	$24\dfrac{3.46}{30.5}$	$26\dfrac{3.34}{47.5}$	$29\dfrac{3.41}{30.5}$	$32\dfrac{3.33}{47.0}$
① 粉质黏土		$1.0\dfrac{700}{17}$	$1.1\dfrac{670}{380}$	$1.25\dfrac{250}{34}$	$1.2\dfrac{420}{27}$	$1.2\dfrac{1\,110}{25}$
② 淤泥质黏土		$4.6\dfrac{250}{19}$	$4.3\dfrac{290}{13}$	$4.9\dfrac{250}{10}$	$4.5\dfrac{220}{12}$	$3.4\dfrac{300}{11}$
③ 淤泥质粉质黏土		$6.2\dfrac{330}{13}$	$6.3\dfrac{410}{10}$	$7.5\dfrac{510}{12}$	$8.5\dfrac{370}{11}$	$6.6\dfrac{310}{12}$
④ 淤泥质黏土		$17.8\dfrac{500}{12}$	$17.5\dfrac{440}{9}$	$17.7\dfrac{380}{8}$	$17.8\dfrac{570}{7}$	$17.8\dfrac{470}{10}$
⑤ 细粉中砂	⑤—1	$19.4\dfrac{7\,190}{36}$	$19.8\dfrac{6\,810}{78}$	$19.6\dfrac{7\,070}{66}$	$20.0\dfrac{5\,520}{61}$	$19.3\dfrac{9\,320}{60}$
	⑤—2	$20.2\dfrac{3\,060}{47}$	$20.8\dfrac{2\,360}{55}$	$20.9\dfrac{3\,510}{51}$	$20.9\dfrac{2\,670}{60}$	$20.9\dfrac{4\,100}{55}$
	⑤—3	$22.7\dfrac{13\,000}{34}$	$22.4\dfrac{11\,890}{74}$	$22.5\dfrac{11\,900}{62}$	$22.2\dfrac{7\,840}{70}$	$22.9\dfrac{8\,460}{65}$
	⑤—4	$24.6\dfrac{1\,890}{31}$	$24.8\dfrac{2\,080}{43}$	$23.6\dfrac{2\,380}{28}$	$24.1\dfrac{2\,210}{48}$	$24.6\dfrac{2\,960}{35}$
	⑤—5	$25.4\dfrac{10\,060}{28}$	$25.6\dfrac{6\,570}{76}$	$25.1\dfrac{7\,390}{57}$	$24.7\dfrac{8\,120}{75}$	$25.8\dfrac{8\,220}{68}$
⑥ 粉质黏土		$31.0\dfrac{1\,040}{37}$	$29.6\dfrac{860}{15}$	$26.2\dfrac{1\,150}{14}$ $30.9\dfrac{940}{7}$ $34.5\dfrac{1\,080}{13}$	$30.5\dfrac{900}{13}$	$30.2\dfrac{1\,000}{14}$
⑦ 黏土		$38.2\dfrac{1\,040}{20}$	$30.5\dfrac{1\,320}{34}$	$37.0\dfrac{1\,080}{18}$		$37.7\dfrac{1\,160}{17}$
⑧ 粉质黏土		$47.0\dfrac{1\,620}{52}$		$46.9\dfrac{1\,930}{32}$		$47.0\dfrac{1\,580}{35}$
⑨ 黏土				$47.5\dfrac{9\,300}{71}$		

注：表中数字为层底深度(m) $\dfrac{\text{锥尖阻力 } q_c \text{(kPa)}}{\text{侧壁摩阻力 } f_s \text{(kPa)}}$。

附表 B9－5　标准贯入试验结果

孔号	土层	贯入深度/m	N
25	⑤ 粉砂	18.15～18.45	9
	粉砂	19.15～19.45	6
	细砂	20.20～20.50	14
	细砂	21.15～21.45	15
27	⑤ 粉砂	18.25～18.55	10
	细砂	19.40～19.70	13
	细砂	21.35～21.65	19
	细砂	22.30～22.60	6
	粉砂	23.10～23.40	7
	粉砂	24.15～24.45	5
28	⑤ 粉砂	19.65～19.95	8
	细砂	20.60～20.90	18
	细砂	21.65～21.95	7
	粉砂	22.80～23.10	8
	粉砂夹黏土	23.65～23.95	20
	⑥ 亚黏土	24.70～25.00	3

附表 B9－6　十字板试验成果一览表

孔　号	试验深度/m	C_u/kPa		灵敏度 S_t
		天然	扰动	
23	1.30	13	2	6.5
	2.50	11	2	5.5
	3.50	19	7	2.7
	4.50	28	13	2.2
	5.50	19	6	3.2
	6.50	27	5	5.4
	8.00	27	8	3.4
	9.50	46	21	2.2
	11.00	49	11	4.4
	12.50	53	7	7.6
	14.00	49	22	2.2
	15.50	38	18	2.2

孔 号	试验深度 /m	C_u/kPa		灵敏度 S_t
		天然	扰动	
24	1.00	33	6	5.5
	2.10	15	5	3.0
	3.00	16	3	5.3
	4.00	17	4	4.3
	5.15	30	7	4.3
	6.00	24	4	6.0
	7.00	24	7	3.4
	8.00	28	6	4.7
	9.00	27	9	3.0
	10.20	54	19	2.8
	11.50	45	16	2.8
24	13.00	45	21	2.1
	14.60	53	19	2.8
	15.90	48	14	3.4
24	1.50	24	5	4.8
	2.60	9	2	4.5
	3.60	16	4	4.0
	4.60	18	6	3.0
	5.60	29	9	3.2
	6.60	25	8	3.3
	7.60	24	6	4.0
	8.60	29	14	2.1
	9.60	30	12	2.5
	12.10	49	24	2.0
	13.50	42	23	1.8
	15.10	72	30	2.4

附表 B9-7 载荷试验成果表

载荷试验编号	试验深度/m	硬土层厚度/m	承压板尺寸/cm	t/min (S/cm, P/kPa)	10	20	30	45	60	90	120	150	180	240	300	360	420	480	540	600	660	770
1	0.70	1.20	70.7×70.7	20	0.112	0.120	0.127		0.133	0.138	0.140		0.142									
				30			0.215		0.224	0.233	0.237		0.246	0.259	0.259	0.263	0.264					
				40	0.322	0.335	0.343		0.352	0.363	0.376		0.380	0.382	0.385							
				50	0.452	0.478	0.494		0.523	0.541	0.544		0.564	0.580	0.590	0.629	0.663	0.670	0.670			
				60	0.719	0.742	0.754		0.790	0.802	0.813		0.836	0.854	0.879	0.899	0.925	0.943	0.965	0.986	0.995	1.008
				70			1.098		1.128	1.152	1.176		1.210	1.294	1.332	1.353	1.370	1.378	1.386	1.420	1.420	1.421
2	0.30	1.20	70.7×70.7	20	0.142	0.256	0.263	0.264	0.265	0.266												
				30	0.377	0.388	0.397	0.403	0.407	0.418	0.422	0.430	0.433	0.437								
				40	0.535	0.546	0.554	0.560	0.573	0.586	0.595	0.602	0.607	0.619	0.623	0.623						
				50	0.709	0.737	0.746	0.760	0.771	0.786	0.796	0.797	0.805	0.819	0.831	0.832						
				60	0.924	0.947	0.964	0.980	0.993	1.010	1.013	1.030	1.041	1.047	1.056	1.062						
				70	1.178	1.207	1.233	1.268	1.289	1.334	1.360	1.379	1.400	1.426	1.457	1.480	1.491	1.499	1.500			
				80	1.572	1.616	1.640	1.668	1.688	1.726	1.754	1.771	1.796	1.828	1.856	1.874	1.892	1.897				
				90	2.015	2.061	2.094	2.108	2.136	2.172	2.178	2.183	2.187	2.220	2.264	2.337	2.373	断链				

附表 B9-8　土的物理力学性质指标汇总表

层号	土名	ω	γ	e_0	ω_L	ω_P	I_P	α_{1-2}	q_u	固结快剪				C_u
										峰值×0.7		保证 0.99		
										c	φ	c	φ	
1	粉质黏土	34.1 $\frac{40.4}{29.9}$	1.87 $\frac{1.91}{1.77}$	0.94 $\frac{1.14}{0.86}$	36.9 $\frac{40.3}{35.6}$	21.1 $\frac{23.2}{19.1}$	15.6 $\frac{17.5}{13.9}$	0.049 $\frac{0.058}{0.041}$	0.32 $\frac{0.36}{0.28}$	0.12	13°	0.08	13°45′	0.35 $\frac{0.43}{0.27}$
2	淤泥质黏土	46.6 $\frac{57.3}{41.8}$	1.73 $\frac{1.87}{1.67}$	1.29 $\frac{1.31}{1.10}$	42.5 $\frac{52.0}{38.6}$	22.5 $\frac{24.6}{19.9}$	20.2 $\frac{28.3}{17.2}$	0.117 $\frac{0.158}{0.081}$	0.21 $\frac{0.35}{0.10}$	0.045	11°	0.125	9°6′	0.13 $\frac{0.22}{0.09}$
3	淤泥质粉质黏土	45.3 $\frac{59.3}{39.0}$	1.79 $\frac{1.86}{1.61}$	1.20 $\frac{1.61}{1.03}$	37.2 $\frac{47.4}{32.6}$	21.6 $\frac{24.7}{19.0}$	15.8 $\frac{23.3}{8.6}$	0.086 $\frac{0.123}{0.045}$	0.34 $\frac{0.47}{0.21}$	0.04	11°30′	0.106	11°35′	0.24 $\frac{0.37}{0.13}$
4	淤泥质黏土	50.8 $\frac{59.8}{35.0}$	1.71 $\frac{1.83}{1.64}$	1.42 $\frac{1.63}{1.03}$	43.4 $\frac{51.4}{30.3}$	22.8 $\frac{26.2}{17.5}$	20.2 $\frac{27.8}{12.8}$	0.122 $\frac{0.188}{0.083}$	0.37	0.088	9°	0.168	8°45′	0.42 $\frac{0.69}{0.21}$
5	粉细中砂	28.4 $\frac{33.7}{22.2}$	1.86 $\frac{2.05}{1.76}$	0.85 $\frac{1.01}{0.61}$				0.024 $\frac{0.049}{0.011}$						
6	粉质黏土	33.1 $\frac{40.7}{29.5}$	1.86 $\frac{1.95}{1.78}$	0.95 $\frac{1.13}{0.85}$	32.4 $\frac{42.5}{25.6}$	19.9 $\frac{23.2}{16.5}$	13.3 $\frac{20.0}{8.0}$	0.039 $\frac{0.055}{0.020}$	0.63 $\frac{0.88}{0.37}$	0.195	10°	0.26	13°	
6b	黏土	38.8 $\frac{44.0}{33.5}$	1.79 $\frac{1.91}{1.72}$	1.12 $\frac{1.25}{0.91}$	41.8 $\frac{50.2}{33.2}$	21.8 $\frac{25.1}{20.2}$	19.7 $\frac{25.1}{13.0}$	0.062 $\frac{0.066}{0.058}$						
7	粉质黏土	43.0 $\frac{70.3}{28.5}$	1.77 $\frac{1.89}{1.65}$	1.23 $\frac{1.83}{0.84}$	47.8 $\frac{71.4}{31.5}$	24.9 $\frac{34.5}{20.1}$	22.8 $\frac{36.9}{7.3}$	0.042 $\frac{0.066}{0.018}$	1.13 $\frac{1.82}{0.48}$	0.295	9°30′	0.335	12°45′	
8	淤泥质黏土	33.1 $\frac{37.5}{27.8}$	1.83 $\frac{1.99}{1.76}$	0.97 $\frac{1.07}{0.77}$	35.3 $\frac{38.6}{31.6}$	21.7 $\frac{25.3}{19.2}$	13.4 $\frac{16.9}{8.4}$	α_{4-5} 0.0211 $\frac{0.030}{0.011}$	0.89	0.20	12°30′			
9	淤泥质粉质黏土	35.0 $\frac{39.2}{29.1}$	1.83 $\frac{1.96}{1.72}$	1.03 $\frac{1.20}{0.83}$	44.8 $\frac{50.3}{41.6}$	22.4 $\frac{24.3}{20.0}$	22.4 $\frac{26.3}{19.9}$	α_{4-6} 0.017 $\frac{0.0245}{0.010}$						
10	淤泥质黏土	28.1 $\frac{35.5}{21.3}$	1.88 $\frac{20.4}{1.71}$	0.87 $\frac{1.12}{0.61}$	33.5 $\frac{39.3}{26.3}$	20.5 $\frac{22.4}{18.5}$	13.2 $\frac{17.0}{7.3}$	α_{4-6} 0.017 $\frac{0.032}{0.008}$						
11	细粉中砂	23.2 $\frac{24.3}{21.1}$	1.92 $\frac{1.98}{1.88}$	0.73 $\frac{0.77}{0.64}$				α_{4-5} 0.009 $\frac{0.0105}{0.0075}$						
12	粉质黏土	30.5 $\frac{36.5}{23.9}$	1.86 $\frac{1.96}{1.80}$	0.89 $\frac{1.04}{0.73}$	33.0 $\frac{37.9}{29.8}$	21.6 $\frac{24.6}{18.5}$	13.6 $\frac{16.2}{10.7}$	α_{4-5} 0.013 $\frac{0.0185}{0.0085}$						

根据所提供的勘探、测试和试验资料,完成工程地质勘察报告编写工作。具体要求如下:

(1) 绘制工程地质剖面图(水平比例尺 1:500,垂直比例尺 1:200)。

(2) 容器间及机修仓库一般建筑物拟采用天然地基,锅炉房为框架结构拟采用长桩基(拟采用⑨层以下硬土层为桩尖持力层),三机厂房拟采用短桩基(拟采用⑤层砂层为桩尖持力层)。利用上述勘察资料,对三种类型建筑物的天然地基及长、短桩基进行工程地质评价。

(3) 根据岩土工程勘察规范的相关要求,编写文字报告。